高中课程与航天科技

胡正茂 ◎主编

长江出版传媒

湖北人民出版社

图书在版编目（CIP）数据

高中课程与航天科技 / 胡正茂主编. —武汉：湖北人民出版社, 2024.1
ISBN 978-7-216-10757-0

Ⅰ.①高…　Ⅱ.①胡…　Ⅲ.①航天科技－关系－高中－课程
建设－研究　Ⅳ.①V1②G632.3

中国国家版本馆CIP数据核字(2023)第256341号

责任编辑：刘天闻
封面设计：刘舒扬
责任校对：范承勇
责任印制：杨　锁

出版发行：湖北人民出版社　　　　　　　　地址：武汉市雄楚大道268号
印刷：武汉鑫兢诚印刷有限公司　　　　　　邮编：430070
开本：787毫米×1092毫米　1/16　　　　　印张：12.75
字数：256千字　　　　　　　　　　　　　插页：2
版次：2024年1月第1版　　　　　　　　　印次：2024年1月第1次印刷
书号：ISBN 978-7-216-10757-0　　　　　　定价：49.00元

本社网址：http://www.hbpp.com.cn
本社旗舰店：http://hbrmcbs.tmall.com
读者服务部电话：027-87679656
投诉举报电话：027-87679757
（图书如出现印装质量问题，由本社负责调换）

高中课程与航天科技
编纂委员会

主　　编：胡正茂

编 委 会：胡正茂　柯汉阳　肖　毅　李　荣　康雪松
　　　　　肖建锋　孙书剑　王家太　晏　如

编写人员：肖建锋　孙书剑　王家太　蔡红斌　聂　勉
　　　　　郭　浩　胡　贝　王　玲　齐　琳　卢群超
　　　　　陈少博　杨桂香　李　葳　李烈俊　金　娟
　　　　　薛国凤　周　镜　罗　俊　胡　康　岳露丽
　　　　　祝佳琳　李绵勇　黄杏杏　郑文兵　刘明刚
　　　　　陆　航　曾垂武　王　罡　晏　如

序　言

仰望星空,星空浩瀚无比。

"嫦娥"揽月、"祝融"探火、"羲和"逐日、"天宫"巡游……我国航天事业的创新发展在赢得全民点赞的同时,也激发了青少年对航天知识的渴望,唤醒了他们探索太空的激情。习近平总书记强调:"科技创新、科学普及是实现创新发展的两翼,要把科学普及放在与科技创新同等重要的位置。"推动我国科普事业的发展,特别是中学生科普教育发展,已然成为重要的政策话语、实践话语和研究话语。

《高中课程与航天科技》一书的编写,一方面,是武汉市第四十九中学深挖高中课程丰富内涵,坚持以学生为本,激发学生好奇心、想象力和探求欲,引导学生自觉获取航天知识、感受航天精神、增强科技自信、厚植家国情怀的有益尝试;另一方面,也是学校对如何打造航天特色文化、提升航天科普能力、丰富航天校本课程、擦亮航天科技特色品牌的最新思考与行动回应。

当前,教育正处于改革发展重大时期,武汉市围绕立德树人的根本任务,以多样化课程体系建设、学科特色项目建设、创新人才培养试点等为抓手,推动普通高中优质多样化发展。武汉市第四十九中学既是人文特色学校,又是全国航天特色学校。近年来,学校结合航天场馆建设、院士专家进校园、发射现场观礼、观看太空授课、航天日主题活动、北斗领航、天宫画展、模拟发射、航空航天项目竞赛等做了大量而卓有成效的工作。学校航天科技特色凸显:在大面积提升学生科学素养的同时,一批学生成为飞行员,一批学生进入航天专业深造。2023年除夕,航天员邓清明在中国空间站手握该校学生航天主题画作,给全国人民送去新年祝福。

在内容编排上,该书以学生为中心,一是将航天精神、国家安全、生态文明等有机融入;二是选取与航天最紧密相关的学科,将航天主题学科化、项目化;三是对高中生关心的涉及航天内容的学业水平考试给予合理关切。

相信该书对激发航天兴趣、科普航天知识、实践航天项目等都将起到它应有的作用。事实上,如何打造有趣科技课堂、发展学生科学素养,如何开展科学普及工作、培养爱好发挥特长,如何搭建发展舞台、拓宽学生科技发展通道等,也是编者在编写时思考的问题。

不懈探索,探索永无止境。

愿读到此书的青年学子传承航天精神,胸怀崇尚科学、探索未知、敢于创新的理想信念,勇敢地去点亮梦想、追逐梦想!

那浩瀚的太空正为我们展现着无限可能!

武汉市教育科学研究院党委书记、院长

丁华锋

2023.11

目 录
contents

第一章　走向航天强国

【导言】

"坐地日行八万里,巡天遥看一千河。"中华民族自古以来就仰望星空,已有了千年飞天梦想。斗转星移,旦复旦兮,中华民族的太空梦想在航天事业的跨越发展中不断成为现实,从研制导弹武器到打造探空火箭,从发射人造卫星到开展载人航天,从进行月球探测到进发更远深空……中国已由航天大国向航天强国迈进,在世界航天史上书写了华丽的篇章。

中国航天始于20世纪60年代,已经走过了60多年的发展历程。回顾航天事业的发展,无论是研制导弹,还是发射卫星;无论是载人航天、北斗导航还是探月工程,我们始终坚持走一条符合中国国情的发展道路,独立自主,自力更生;摒弃好高骛远,坚持实事求是;根据实际水平,一步一步地走。最终,走出了一条有中国特色的航天发展之路。

航天传统精神

自力更生、艰苦奋斗、大力协同、无私奉献、严谨务实、勇于攀登。

图 1-1　航天传统精神

（来源:中国运载火箭技术研究院网站 www.calt.com）

"两弹一星"精神

热爱祖国、无私奉献、自力更生、艰苦奋斗、大力协同、勇于登攀。

图1-2　两弹一星精神

（来源：中国运载火箭技术研究院网站 www.calt.com）

载人航天精神

特别能吃苦、特别能战斗、特别能攻关、特别能奉献。

图1-3　载人航天精神

（来源：中国运载火箭技术研究院网站 www.calt.com）

探月精神

追逐梦想、勇于探索、协同攻坚、合作共赢。

新时代北斗精神

自主创新、开放融合、万众一心、追求卓越。

第一节 中国航天事业奠基人

在中国航天事业发展历程中,有无数先驱奉献了汗水、鲜血乃至生命,留下了可歌可泣的故事。我们首先介绍一位堪称居功至伟的科学家,他为新中国的成长作出了无可估量的贡献,他就是钱学森。

钱学森(1911—2009),空气动力学家、系统科学家,工程控制论创始人之一,曾在美国学习、工作20年,在空气动力学、航空工程、喷气推进、工程控制论等科学技术领域有许多开创性的贡献。1955年10月,钱学森冲破重重阻力回到祖国,长期担任火箭导弹和航天器研制的技术领导职务,对中国火箭、导弹和航天事业的发展作出重大贡献,被国务院、中央军委授予"国家杰出贡献科学家"荣誉称号,获中共中央、国务院、中央军委颁发的"两弹一星"功勋奖章。

图1-4 人民科学家——钱学森

(来源:中国军网www.81.cn)

1911年12月11日,钱学森出生于上海,籍贯浙江省杭州市。1929年,考入铁道部交通大学(今上海交通大学和西安交通大学)上海学校机械工程学院铁道工程系。1934年毕业,之后考取清华大学第七届庚款留美学生。1935年9月,钱学森赴美深造进入美国麻省理工学院航空系学习。他原本读的是航空工程专业,但在继续深造的问题上,他与父亲发生了争论。钱学森打算下一步攻读航天理论,但父亲回信说中国航天工业落后,落后就要挨打,还是研究飞机制造技术为好。钱学森则告诉父亲,中国在飞机制造领域与西方差得太多,只有掌握航天理论,才有超越西方的可能。蒋百里知道了钱家父子的分歧,他对老友钱均夫说到,欧美各国的航空研究趋向工程、理论一元化,工程是跟着理论走的。钱均夫听了这番话终于应允儿子继续学航天理论。钱学森如释重负,从此对蒋百里感激不尽。

1936年9月,钱学森从美国麻省理工学院毕业,获得航空工程硕士学位,之后转入加州理工学院航空系学习,师从航天工程学家冯·卡门(Theodore von Kármán),并很快成为冯·卡门最重视的学生。1939年,钱学森从美国加州理工学院毕业,获得航空、数学博士学位。1949年,担任加州理工学院喷气推进中心主任、教授。

1949年,中华人民共和国成立的消息传到美国后,钱学森和夫人蒋英便商量着早日赶回祖国。此时的美国,以麦卡锡为首对共产党人实行全面追查,并在全美掀起了一股驱使雇员效忠美国政府的狂热。钱学森因被怀疑为共产党人,并拒绝揭发朋友,被美国军事部门突然吊销了参加机密研究的证书。钱学森非常气愤,以此作为要求回国的理由。

1950年,钱学森上港口准备回国时,被美国官员拦住,并将其关进监狱,而当时美国海军次长丹尼·金布尔(Dan A. Kimball)声称:钱学森无论走到哪里,都抵得上5个师的兵力。从此,钱学森受到了美国政府迫害,同时也失去了宝贵的自由,他一个月内瘦了30斤左右。移民局抄了他的家,在特米那岛上将他拘留14天,直到收到加州理工学院送去的1.5万美元巨额保释金后才释放了他。后来,海关又没收了他的行李,包括800公斤书籍和笔记本。美国检察官再次审查了他的所有材料后,才证明了他是无辜的。

钱学森在美国受迫害的消息很快传到中国,中国科技界的朋友通过各种途径声援钱学森。党中央对钱学森在美国的处境极为关心,中国政府公开发表声明,谴责美国政府在违背本人意愿的情况下监禁了钱学森。

1955年,经过周恩来总理在与美国外交谈判上的不懈努力——甚至包括不惜释放11名在朝鲜战争中俘获的美军飞行员作为交换;8月4日,钱学森收到了美国移民局允许他离境的通知;9月17日,钱学森携带妻子蒋英和一双幼小的儿女,登上了"克利夫兰总统号"轮船,踏上返回祖国的旅途;10月8日,钱学森一家终于回到了自己的祖国。

钱学森归国后马上做了两件重要的事:一是为中国科学院筹建力学研究所,这是中国科学院领导筹划已久的事;二是为军队和国防部门完成导弹研究和设计。

在他正式开始工作前,科学院的领导建议他到东北考察一下,那里有许多新兴工业,又有科学院的一些研究机构。钱学森欣然同意。钱学森来到哈尔滨军事工程学院,出来欢迎的竟是学院院长陈赓大将。陈赓在欢迎辞中说,军事工程学院打开大门来欢迎钱学森先生,对于钱先生来说,没有什么密要保。

在室外的一个小火箭试验台前面,钱学森停了下来。这是一个非常简陋而又原始的固体燃料火箭试验装置,钱学森很有兴趣地和正在安装调试的教师讨论起来。陈赓问钱学森,中国能不能自己造出火箭、导弹来? 钱学森回答道,这没有什么不能的,外国人能造出来的,我们中国同样能造得出来,难道中国人比外国人矮一截不成!

1956年春,钱学森积极参与制定《1956—1967年科学技术发展远景规划纲要》的工作。这一规划是周恩来总理亲自领导,由陈毅、李富春、聂荣臻等领导人具体组织数百名科学技术专家参与制定的。钱学森作为一名火箭技术专家,由他主持,与王弼、沈元、任新民等合作,完成了第37项《喷气和火箭技术的建立》,他将喷气技术和火箭导弹事业纳入了国家长远规划,勾画了这一尖端技术的发展蓝图,对推动这一事业的发展起了重要作用。

1956年2月17日,由钱学森起草的《建立我国国防航空工业的意见书》送到周恩来总理的案头。钱学森的意见书受到党中央的高度重视。1956年3月14日,周恩来总理亲自主持中央军委会议,研究决定,由周恩来、聂荣臻和钱学森等筹备组建导弹航空科学研究的领导机构——航空工业委员会。会议决定按照钱学森的建议,组建导弹航空事业的科研机构、设计机构和生产机构。国务院任命聂荣臻为航空工业委员会主任,钱学森为委员。

根据中央军委的决议,1956年5月10日,聂荣臻提出《关于建立我国导弹研究工作的初步意见》,建议在航空工业委员会下设导弹管理局,由钱学森任第一副局长兼总工程师;建议建立导弹研究院,由钱学森任院长。中央书记处很快批准了这一意见,钱学森立即受命负责组建我国第一个火箭、导弹研究机构——国防部第五研究院。

他参与了近程导弹、中近程导弹和中国第一颗人造地球卫星的研制,直接领导了中国近程导弹运载原子弹"两弹结合"试验,参与制定了中国第一个星际航空的发展规划,发展建立了工程控制论和系统学等。在钱学森的努力带领下,1964年10月16日中国第一颗原子弹爆炸成功,1967年6月17日中国第一颗氢弹空爆试验成功,1970年4月24日中国第一颗人造卫星发射成功。

钱学森在20世纪40年代就已经成为航空航天领域内最为杰出的代表人物之一,成为20世纪众多学科领域的科学群星中极少数的巨星之一;钱学森也是为新中国的成长作出无可估量贡献的老一辈科学家团体之中,影响最大、功勋最为卓著的杰出代表人物,是新中国爱国留学归国人员中最具代表性的国家建设者,是新中国历史上伟大的人民科学家。

钱学森一生默默治学,但无论在什么时代,什么地方,他所选择的,既是一个科学家的最高职责,也是一个炎黄子孙的最高使命。他一生的经历和成就,在中国的国家史、华人的民族史和人类的世界史上,同时留下了耀眼的光芒,照亮了来路。作为中国航天事业的先行人,他不仅是知识的宝藏、科学的旗帜,而且是民族的脊梁、全球华人的典范,他向世界展示了华人的风采。

毛泽东曾评价钱学森：美国人把钱学森当成5个师，在我看来，对我们说来钱学森比5个师的力量大多啦。

他的导师冯·卡门评价：我们的朋友钱学森，是1945年我向美国空军科学顾问组推荐的专家之一。他是当时美国处于领导地位的第一流火箭专家，后来成了世界闻名的新闻人物。钱学森作为加州理工学院火箭小组的元老，曾在二次大战期间对美国火箭研究作出重大贡献。他是一个无可置疑的天才，他的工作大大促进了高速空气动力学和喷气推进科学的发展。他的这种天资是我不常遇到的。我发现他非常富有想象力，他具有天赋的数学才智。人们都这样说，似乎是我发现了钱学森，其实，是钱学森发现了我。

第二节　航天事业奠基：导弹发展"三步走"

新中国成立伊始，迫于外部的封锁和排斥，中央将国防科学技术的发展列为头等重要任务。1956年2月，钱学森先生向中央提出了"建立中国国防航空工业的意见"；3月，国务院制定了《1956—1967年科学技术发展远景规划纲要（草案）》，其中提出要在12年内使中国的喷气和火箭技术走上独立发展的道路。从此，没有任何张扬，没有任何浪漫，为了国防需要，中国航天从导弹、火箭起步，踏上了一条极其艰难但又绚丽多彩的发展征程。

当时，聂荣臻元帅和钱学森同志从全国各地调集人才，其中的二三十位专家多是从欧美学成归国的留学生，包括任新民、梁守槃、庄逢甘、屠守锷等，之后又有陆元九、梁思礼等人加入。同时还有哈军工、北大、清华、北航等各大院校的毕业生。

1958年，苏联提供了一枚小型导弹——P-2火箭，射程达到200多千米。我国以此为样本，开始仿制。1959年，中苏友好关系破裂，苏联撤回专家，一些关键设备只供货一半就停止供应，有些未到的资料也不给了。在这种困难情况下，我国的科技人员继续加班加点，一步步完成了图纸描红、原理研究、仿制消化、吸收反设计、改进创新等一系列工作。半年后，即1960年11月5日，中国第一枚仿制的近程地地导弹——东风一号成功发射上天。

仿制成功后，我国开始自行设计导弹。直到1964年6月29日，东风二号导弹飞行试验获得成功，射程增加到800多千米，这对于中国导弹事业的发展具有里程碑式的意义：我国科技人员不仅掌握了导弹研制的关键技术，系统地摸索总结出了导弹研制的科学规律，提出了强化总体设计的概念，并且认识到，必须在可行性论证和地面试验的基础上，以可靠性为出发点进行方案论证。导弹是一项整体工作，在长时间的团体合作中，科研人员们养成了相互配合的习惯，在导弹研制工作上步调一致。

东风三号发射取得成功，标志着我国完全有能力自主研制导弹，射程进一步增加到2400多千米。之后，我国开始陆续研制东风四号、东风五号等导弹。

我国的导弹发展之路经历了从仿制到改进的过程，如改进射程，调整发动机的推力等。

同时,在改进过程中锻炼队伍,增强信心,掌握技术。研制队伍由一群知名老专家和青年学生组成,并且具备了大型工程所需要的两个非常重要的条件,第一,熟练掌握技术,如控制系统如何控制等;第二,导弹从设计、研发到生产,形成人才梯队。对此,聂荣臻元帅就说过:"出成果、出人才,不要单独给我敲敲打打,我看的重点是队伍建设。"

在导弹事业的发展过程中,中国注重独立自主、自力更生。起初,苏联对我们有所帮助,但中央强调最终还得自己做。那时,苏联对我们承诺:"导弹我们都有了,你们放心,你们用的时候,给你们就行了。"然而,在这个问题上,中央领导人始终强调独立自主发展导弹事业。

从学习、模仿,到改进,再到独立自主研制,我国的导弹事业经历了"三步走"的发展道路,也为以后中国航天事业的发展奠定了坚实的基础。以此为基础,中国科学家从20世纪60年代中期开始探索航天运载火箭的发展,终于用长征一号运载火箭成功地将东方红一号卫星发射到近地轨道,成为世界上第五个采用自制火箭成功发射本国卫星的国家。几十年来,运载火箭技术取得的巨大成就,推动了中国卫星技术、载人航天技术和深空探测技术的发展。

第三节 东方红一号卫星——迈出进入太空第一步

1957年,苏联发射世界上第一颗人造地球卫星后,国际震惊,这是人类第一次把地球上的星体发射到太空并运行,中国对此也非常关注。当年,以钱学森、赵九章为首的科学家就提出开始研制卫星的建议。但中央考虑到发射卫星一定要有发射能力,否则卫星无法上天。根据当时的经济状况,中国还不具备研制卫星的条件,因而决定先做基础性研制工作。

1965年,科学院再次建议开展卫星研制工作,终于获得批复:以科学院为主,开始中国卫星研制。于是,科学院开展了一项名为"651"的工程。然而,一年多后,"文革"开始,科研工作受到国内形势的影响。从整个国际形势来看,苏联和美国已经先后发射了第一颗卫星,日本、法国也在研制,中国必须抓紧时间研制和发射第一颗卫星。随后,国家成立了航天五院和总体部,以中科院原来的研制人员为主,并从导弹研制队伍中抽调一部分人,把全国的力量集中起来研制卫星。从"651"项目开始,团队已经设计出了方案,但是有人主张卫星上天后要做很多探测工作,如空间的电子情况、大气情况,这样需要很多探测仪器,由于卫星上天的难度很大,如果再附加探测项目,将会难上加难。在当时,研究第一颗卫星上天是一个从无到有的过程,首要目的是具备研制卫星和基础建设的能力,掌握发展航天的基本技术,把研制队伍建设起来,从而为航天事业的发展起步打下了基础。

在明确目标后,团队简化了原有方案,明确了主要任务——"上天",把原来卫星要进行空间物理探测的任务拿掉,集中力量实现让卫星"上得去,抓得住,听得到,看得见"。

　　航天五院建院之初,研制卫星所需的物质条件十分缺乏,如测试设备少,试验设备不齐,加工设备不足等。卫星制造厂是由科学仪器厂转产的,在人员、技术、设备和管理方面都面临很多困难。铆接,是卫星制造中必不可少的一道工序。可当时卫星厂未干过,在卫星的初样和试验阶段,没有铆枪,更没有固定工件的桁架,工人们就靠一把小锤,用自己的身体当桁架,将铆钉一个个敲上去。就是在这样的条件下,卫星厂解决了铆接、阳极化电抛光、光亮铝件大面积镀金、铝件热处理等多项工艺问题。

　　为了检验设计的正确性与合理性,东方红一号卫星从元件、材料,到单机分系统以至整星都要在地面进行多种环境模拟试验。1968年夏季,因为东方红一号卫星发射场预定发射卫星的时间气候寒冷,而卫星厂又没有符合要求的试验场地,"热控试样星"的试验是在中国人民解放军海军后勤部的一个冷库中进行的。很多的困难都是靠科技人员因陋就简、土法上马、群策群力解决的。

　　终于,1970年4月24日,中国用长征一号火箭把东方红一号卫星送上了太空。卫星安全可靠、准确入轨,一曲《东方红》,震惊了全世界。卫星运行轨道的近地点高度439千米,远地点高度2384千米,轨道平面与地球赤道平面夹角68.5度,绕地球一圈114分钟。

　　东方红一号卫星重量为173千克,比此前四个国家首次发射的卫星重量加在一起还重,说明我们的运载能力很强。由于电池寿命有限,卫星工作28天(设计寿命20天)。在此期间,卫星把遥测参数和各种太空探测资料传回地面。在运行期间,卫星上各种仪器性能稳定,且实际工作时间远超设计要求,完全实现了预定目标。东方红一号卫星的成功是中国航天的第一个里程碑,它使我国较全面地完成了卫星研制工程的建设,包括卫星系统、运载火箭系统、地面测控系统、发射场、应用系统的建立,从而揭开了我国航天活动的序幕,宣告了中国已经进入航天时代。

图1-5　中国第一颗人造卫星——东方红一号

(来源:国家航天局官网 www.cnsa.gov.cn)

从20世纪60年代一直到80年代，中国航天事业处于发展起步和初期阶段，"两弹一星"对国家经济和国防建设具有重要意义；而卫星的研制工作则主要完成了"上天"的第一步，之后研制的系列返回式卫星，为实现"回来"的目标打下了坚实基础。

从20世纪80年代后期开始，卫星研发开始为经济建设、国防建设服务。到90年代，气象卫星、遥感卫星成功研制，还有应用卫星、海洋卫星等，都对经济建设起到积极作用。卫星产业不仅成为新的经济增长点，而且也为此后开展载人航天、深空探测等工作打下了坚实的基础。

第四节　北斗——中国自主研制的全球卫星导航系统

在信息社会，卫星的特点是获取信息进行传递，但不是笼统的传递，而是提供具体和详细的信息，将地面的互联网和空间的信息结合起来。信息获取或传递都要依靠载体，所以卫星系统变得越来越重要。

早在20世纪70年代，美国开始着力研究全球定位系统（GPS）。20世纪八九十年代是美国GPS一家独大，全世界各个国家无论是民用的货轮、飞机还是军用的驱逐舰、导弹，都离不开美国。1985年，美国在华盛顿搞了一个GPS系统论坛峰会颇有一点武林盟主的味道。美国的意思是，GPS虽然是免费给大家用，但是一切以美国利益为先。

然而，依照当时我国的实力，无法进行此类卫星的研发，因为它需要几十颗卫星来实现导航的精度和覆盖能力。进入新世纪后，随着中国经济能力、研发队伍和技术水平的不断提高，"北斗"卫星导航系统的研发开始进入实施阶段。

2000年，首先建成"北斗"导航试验系统，使我国成为继美、俄之后的世界上第三个拥有自主卫星导航系统的国家。结合中国当时的国情，北斗一号首先成功研制，并且从起初的两颗星，增加到四颗星，其目的是验证我们是否掌握了这方面的技术，并检测地面能否定位、跟踪；能否管理好整个系统。

进入新世纪以后，中国依照自己的发展路线，把"北斗"导航系统的建立列为大力发展的航天项目。因为全球导航需要30多颗卫星组网，其建立需要花费大量时间、财力和物力。

中国的"北斗"计划遵循了"三步走"的发展路线，在之前探索步骤的基础上，推进接下来两步的研制工作，第一步是目前正在天上用的北斗二号一期工程，2012年12月已完成组网完成，包括在轨工作的共14颗卫星，并加强了地面增强系统，增加了各方应用。2020年6月23日，北斗三号最后一颗全球组网卫星在西昌卫星发射中心点火升空。2020年7月31日，北斗三号全球卫星导航系统建成暨开通仪式在人民大会堂举行，中共中央总书记、国家主席、中央军委主席习近平宣布北斗三号全球卫星导航系统正式开通。

"北斗"导航系统是中国航天事业的一项重大工程，"北斗"的发展历程同样也验证了我国航天事业是根据实际需要一步一步发展起来的。

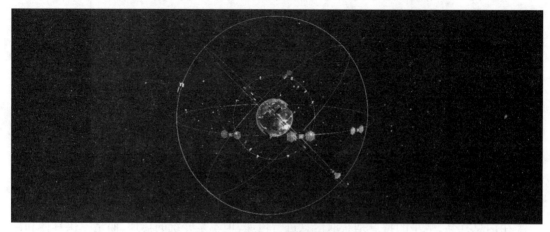

图1-6　北斗卫星导航系统

（来源：http://www.beidou.gov.cn/）

第五节　从载人航天到"嫦娥"奔月

　　随着中国整体国力的稳步增强,中国的航天计划也明确地把载人航天、探月工程、第二代全球卫星导航定位工程、高分辨率对地观测工程、新一代运载火箭等科技重大专项列入国家中长期科学技术发展规划,并作出了实施一系列国防重点装备工程的重大决策,为航天事业的蓬勃发展指明了前进的方向,中国的航天事业迎来了黄金时期。

　　2003年10月5日,我国自行研制的长征二号F火箭搭乘了中国首位航天员杨利伟的神舟五号飞船送上太空,使中国成为世界上第三个能够独立自主地将航天员送入太空的国家。神舟五号载人飞行的成功具有里程碑式的意义。它标志着中国在载人航天技术上取得了伟大的成就,突破了一大批具有自主知识产权的核心关键技术,取得了许多重大成果,同时带动了我国基础学科研究的深入,推动了信息技术和工业技术的发展,加速了科技成果向产业化的转变,促进了我国高技术产业群的形成,特别是锻炼和培养了一支高素质科技人才队伍,形成了一套符合我国载人航天工程要求的科学管理理论和方法,并积累了对大型工程建设进行现代化管理的宝贵经验。

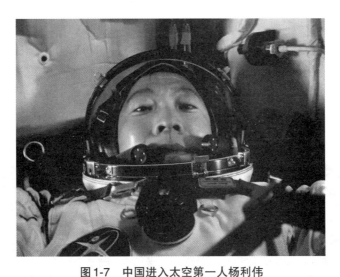

图1-7　中国进入太空第一人杨利伟

（来源：国家航天局官网www.cnsa.gov.cn）

　　我国实施载人航天工程以来，广大航天工作者在"两弹一星"精神的激励和鼓舞下，表现出强烈的爱国热情，培养和发扬了"特别能吃苦、特别能战斗、特别能攻关、特别能奉献"的载人航天精神，成为中国航天文化的宝贵财富。

　　神舟六号、神舟七号载人飞行相继取得圆满成功后，提高了中国在国际上的地位和话语权。其后，神舟八号顺利实现了与天宫一号目标飞行器的无人交会对接；而作为"921"载人航天计划的重要成果，天宫一号与神舟九号、神舟十号实现了载人交会对接，为中国航天史掀开了重要一页。2016年9月，天宫二号空间实验室发射升空，先后与神舟十一号载人飞船和天舟一号货运飞船进行交会对接，实现了载人航天工程第二步目标，为最终实现中国载人航天工程"三步走"的战略、建成空间站奠定坚实的基础。

　　当载人航天工程成功实施后，以欧阳自远院士为代表的中国科学家纷纷研究月球探测问题。中国科学家很早就关心月球探测，一直都呼吁中国应该开展深空探测活动，因为关系到宇宙起源和演变、人类的未来。

　　2004年，美国制订了雄心勃勃的太空新计划，要将航天员重新送上月球，在那里建立永久基地，利用月球基地将航天员送往遥远的火星。这吹响了人类重返月球的号角，再次激发了月球探测的热潮，俄罗斯、日本、印度等也都制订了载人月球探测计划。

　　科学技术发展到今天，世界公认我们有能力开展深空探测活动，我们除了拥有月球资源平等开发的权利，还应该在月球探索与和平开发利用上作出应有的贡献。2004年，中国正式开展月球探测工程，即"嫦娥工程"。2007年10月24日，"长征三号甲"火箭把嫦娥一号月球探测卫星送上太空，脱离地球轨道飞向月球，绕月飞行一年后撞击月球，圆满完成了任务。

嫦娥一号发射成功体现了中国强大的综合国力以及相关的尖端科技,表明了中国在有效掌握与和平利用太空巨大资源的决心,对于提升科研创新能力、凝聚民心、增强国家竞争力具有重要影响。

嫦娥一号奔月的成功,还意味着中国在外太空开发和探测上占有一席之地。随着探月工程计划的顺利实施,必将带动信息、材料、能源、微机电等其他新技术的提高,促进中国航天技术实现跨越式发展和中国基础科学的全面发展。

图1-8　第一个登陆月球背面的探测器——嫦娥四号

（来源:国家航天局官网www.cnsa.gov.cn）

2010年10月1日,嫦娥二号顺利发射,它已经圆满并超额完成既定任务。2013年12月2日,嫦娥三号成功发射,成功实现月球软着陆和月面巡视勘察、月表形貌与地质构造调查等科学探测。

2018年12月8日,嫦娥四号探测器在西昌卫星发射中心升空,迈出人类探索月球背面坚实一步。在距离地球38万千米的环月轨道完成了26天的漫长飞行后,2019年1月3日,嫦娥四号进入距月面15公里的落月准备轨道。11时40分,嫦娥四号着陆器获取了月背影像图并传回地面。

2020年11月24日,嫦娥五号探测器成功发射升空;12月17日凌晨,嫦娥五号返回器携带月球样品着陆地球,实现了中国首次月球无人采样返回,助力月球成因和演化历史等科学研究。

将来,中国会结合自己的实际情况制订与之相适应的未来月球探测计划和包括火星探测在内的其他星球探测计划,继续谱写中国航天的辉煌。

图1-9　嫦娥五号探测器

（来源：王泽绘图）

第二章　高中物理与航天

为了全人类的和平与进步,中国人来到了太空。

——杨利伟(中国第一位航天员)

物理开创了人类的科学希望,航天开启了人类的太空梦想。物理与航天存在着千丝万缕的联系,做航天就要知物理,学物理就要懂航天。

航天技术是现代科学技术的结晶,它以基础科学和技术科学为基础,汇集了20世纪许多工程技术的新成就。力学、热力学、材料学、医学、电子技术、光电技术、自动控制、喷气推进、计算机、真空技术、低温技术、半导体技术、生物科技、制造工艺学等对航天技术的发展起到了重要作用。这些科学技术在航天应用中互相交叉和渗透,产生了一些新学科,使航天科学技术形成了完整的体系。同时随着人类对太空探索前进的脚步,不断地对航天科学技术提出新的要求,又促进了各种科学技术的进步。

本章主要学习了解高中物理与航天技术的基本联系,基础力学知识在火箭发射、卫星运行等方面的应用,了解在太空环境中进行的物理科学相关研究,从而培养学生学习物理的兴趣并促进学生学习动机的"内化"和经验的"生长",更培养学生创新精神和实践能力及分析问题、解决问题的能力。

第一节　高中物理知识在航天领域的应用

【导言】

2003年10月15日,我国自主研制的第一艘载人飞船第一次成功发射,按照预定程序进入太空轨道,绕行地球14圈并安全着陆于内蒙古主着陆场,为我国航天工作的进一步发展奠定了不可磨灭的扎实基础,开启了我国航天技术的崭新篇章。到目前为止,我国在航天领域已经取得了举世瞩目的成就,现在,已开始着手宇宙空间站的建设。作为中学生,我们应该清楚地认识到:高中物理是航天的基础,只有夯实基础知识,将来才能使自己更好地投身于国家的建设之中。

思考：

1. 发射卫星需要满足什么条件？

2. 宇宙中的物理环境和地球上的物理环境有什么不同？

长征三号甲　长征三号乙　长征三号丙

图2-1　长征三号运载火箭

高中物理知识包含力学、热学、光学、电磁学和原子物理。其知识体系庞大，涉及社会、国防和生活的各个方面，我们的高中生不仅要了解物理知识，还要能够灵活运用到社会生产当中去。在大家普遍关心的航天领域，高中物理和航天领域是息息相关的，很多方面都可以运用高中物理知识去解释。航天领域作为国家的主要发展目标，涉及我国的长远发展和我国在国际上的地位和安全，必须培养大批有扎实的物理基础知识、物理思维而且还能够把物理知识灵活运用、融会贯通的全面型的人才。

本节主要以航天领域为视角，探究高中物理知识在该领域的应用和发展前景。我们将从航天领域的五个方面展开探讨，先结合高中物理的基本知识，说明在该领域所运用到的高中物理的基本原理，然后再探讨如何利用高中物理的知识在该领域进行有价值的开发和应用。

【学习目标】

1. 了解卫星和火箭运行的物理原理。

2. 理解卫星轨道的设计，变轨的物理条件。

3. 根据宇宙环境和地球环境的不同理解设计宇航服，需要满足哪些方面需求？

【思考与讨论】

1. 卫星离开地球表面，其发射速度需要满足什么条件？

2. 火箭运载卫星提速的原理是什么，要想提高卫星的发射速度对火箭和燃料舱有什么要求？

3. 在纬度较低还是较高的位置发射卫星比较节能？如何有效利用地球的自转发射卫星？

4. 卫星做匀速圆周运动、离心运动、向心运动的条件是什么？

一、卫星的发射、运行和变轨

首先看看卫星的发射,其中,涉及高中物理的重点知识是万有引力定律、反冲和动量守恒定律以及牛顿三定律。

由万有引力定律,地球对它表面的物体都有吸引力。要发射一颗人造地球卫星,能够不被地球的引力拉回地球表面,需要的最小速度就叫第一宇宙速度,这个速度的大小是7.9千米/秒。这是一个很大的速度,所以发射卫星需要用火箭来提速。火箭承载着卫星并给卫星一个初始的速度以保证卫星不会被万有引力拉回地球。火箭提速利用了动量守恒定律和反冲。火箭的燃料舱里面有大量的气体。在发射前,火箭和燃料舱内的气体的总动量是零。点火之后,燃料舱里面气体燃烧起来,高温高压的气体从火箭的箭尾喷管往下喷出,气体获得了向下的动量,根据动量守恒定律,火箭就应该有和气体的动量大小相等、方向相反的动量,也就是竖直向上的动量。由于总动量为零,为了让承载卫星的火箭获得较大的速度,就得让燃气的质量占火箭质量的比例比较大,所以我们现在都是采用多级火箭。一般是三级火箭,也就是当一级火箭里面的燃料消耗完以后,就让这一级火箭直接脱离火箭和卫星的主体,然后第二级火箭燃料烧完以后,也让第二级燃料舱直接脱离火箭和卫星的主体,这样就可以增大燃气占火箭质量的比例,这也是根据反冲运动的原理设计的。

二、卫星的轨道

卫星绕地球运行的轨道平面和地球赤道平面之间的倾角叫作轨道倾角。按照轨道倾角的不同可以将卫星分为四类:顺行轨道、逆行轨道、赤道轨道和极地轨道。

首先是发射位置的选择。由于大部分卫星都是小轨道倾角的卫星,若在纬度较高的地区发射,就需要比较大的能量让卫星往低纬度地区运动,这个时候就会出现运载火箭发射困难的问题,为了避免出现这种问题,我们要优先选择纬度比较低的地区进行卫星的发射,我们国家现在的卫星发射中心都位于不同的纬度范围内,最近的海南文昌的卫星发射区,它的纬度比较低,根据高中物理学的知识可以知道,宇宙飞船选择在纬度比较低的区域内发射,可以利用地球自转加快飞船的初始速度,也可以避免让火箭燃烧太多的燃料,火箭不需要消耗那么多的燃料,能显著提升飞船的运载能力。接着来说一下,高中物理和航天里面航天器变轨环节中的二次发射问题。发射出去的卫星往往先在地球的近地轨道运行,然后我们要通过变轨将它送到我们需要它运行的轨道上去,往往需要先从近地轨道变轨到一个椭圆轨道,再在椭圆轨道的远地点变轨到需要的轨道。这就需要运用到高中物理里面的圆周运动以及离心现象的物理知识了。

卫星在不同的高度运行,可以对我们的生活有不同的影响,就人造地球卫星来说,按照轨道的高低分为低轨道和高轨道。还有一些有特殊意义的轨道,如赤道轨道、地球同步轨道、对地静止轨道、极地轨道和太阳同步轨道等。由于一般的卫星绕地球做匀速圆周运动,所需要的向心力只能由地球对卫星的万有引力提供,而根据万有引力的知识,万有引力只能沿着卫星和地球球心的连线并且指向地球的球心,这就对卫星运行的轨道有要求,轨道的圆心必须和地球的球心重合,不然卫星就会被慢慢拉回到圆心和地球球心重合的圆轨道上。

再比如特殊的人造地球卫星,也就是静止轨道的人造卫星,它与地球要保持相对静止的状态,那么,它所需要的线速度、角速度、周期和高度都是一个定值,这都可以用万有引力定律,结合圆周运动的向心力来计算。如果一个卫星要想和地球保持相对静止,那么,首先,它的轨道得在地球的赤道正上方,然后它做的圆周运动的圆心就是地球的球心。卫星和地球表面保持相对静止,它的角速度和周期就要和地球自转的角速度和周期相同,根据万有引力等于向心力,我们可以求出卫星绕地球运动的线速度,以及它的轨道半径,用卫星的轨道半径减掉地球的半径,可以得到卫星离地球表面的高度。

中、高轨道的卫星不能向低轨道卫星那样只考虑地球的引力,还得结合绕地球运行的角度进行分析,所以轨道往往也不是匀速圆周运动可以满足的。如果高轨道卫星需要进行必要的运行曲线调整,要按照曲线规律和万有引力以及其他星体的影响这些因素的综合变化关系来进行处理,这就需要更高级的物理知识和数学知识了。

三、卫星变轨

高中阶段,卫星的运动可以近似看成匀速圆周运动。由牛顿第二定律指向圆心的合外力提供卫星做匀速圆周运动的物体的向心力,改变速度的方向。如果卫星在原来的轨道上运行,它所需要的向心力,由卫星在该轨道上的万有引力提供,如果想改变它的轨道,必须改变万有引力和圆周运动所需向心力的供需平衡,让卫星做向心运动,或者是做离心运动。如果是让卫星由低轨道变到高轨道上去,就需要让卫星的速度增大,当卫星的速度增大,卫星维持原来运动需要的向心力就会随着增大,但是卫星在原来的轨道上运动的时候,它所受到的万有引力是不变的。因为供需不平衡,提供的向心力不能满足需要的向心力,来不及改变速度的方向,卫星就会向着远离它的中心天体的方向运行,运行到比较高的轨道,如果反过来想让卫星从较高的轨道运行到较低的轨道,那么就需要卫星做向心运动,就要让卫星的速度减小,卫星维持原来圆周运动需要的向心力就会随着减小,而它在这个轨道上所受到的万有引力,是大于它所需要的向心力的,速度的方向改变过快,会做一个弧度变小的向心运动,就会从高轨道运行到低轨道。要怎么样去改变航天器的速度呢?这就得在满足能量守恒定律的要求下,通过外部干扰,为航天器提供能量。卫星从低轨道运行到高轨道,它的势能会增加,首先要启动发动机,增加卫星的速度,卫星离心运动,克服万有引力做功,进入更高的轨道,在预设高轨道,卫星的势能增加动能减小。而在高轨道,要想进入低轨道,就需要启动反向发动机进行减速,打破向心力的供需平衡。

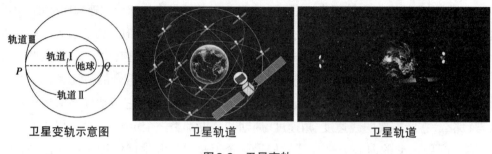

卫星变轨示意图   卫星轨道   卫星轨道

图2-2 卫星变轨

四、资料阅读

(一)13年从学习到超越,中国航天服暗藏玄机

图2-3 中国两代航天服对比

据央视新闻7月5日报道,神舟十二号航天员进行了7小时的出舱活动,其间使用了多种先进设备,包括第二代"飞天"航天服和机械臂等多种先进设备。

此次任务成功地对这些设备进行了实验,证明了它们的可靠性和安全性。

新设备中航天服尤其引人关注,其独特的设计与美俄如今使用的宇航服有所不同,引起了全世界的关注。

中国两代航天服对比,可以看到第二代头顶有可目视区域独特的设计,中国目前使用的是第二代"飞天"航天服。

这套航天服在设计的过程中不仅吸收了第一代的成功经验,还加入了许多独特的思考。其中,有一项是美俄同类产品不具备的独特设计,美国和俄罗斯新式的航天服之中,也没有"想到"这项功能。

这就是一扇"天窗",让航天员可以抬头仰视,因此航天员的视野大幅度增加,能够方便地看到头顶这片"盲区"中的景象。

要知道,航天服的头盔与身体紧密相连,并不能像人的身体一样自由旋转,这样的设计让航天员在不挪动身体的情况下,完成部分观察工作。甚至让航天员在出舱的时候,也可以通过天窗看到太空的情况,提高了安全性。

当然,这种设计的实现建立在对航天服头部设备的集成整合的基础上,也代表着我国整体设计水平的提升。

航天员出舱用的航天服又被称为"微型宇宙飞船"。航天服不仅要保障航天员的呼吸功能,更是要在太空的极寒和太阳直射的高温下保障航天员的体温没有变化。而且,在宇宙中有许多微型的陨星,航天服还必须能够抵挡它们的高速撞击。

美国为"阿尔忒弥斯"计划开发的新式航天服于2019年公布,据称可以保证航天员在其中生存约6天,不过目前该计划尚未进行真正的载人实验。

而国际空间站上使用的航天服是俄罗斯开发的海鹰舱外服和NASA1981年推出的舱外机动服。它们能够提供的维持生命时长与中国的第二代"飞天"航天服相似,均为8小时左右。

(二)中国航天员出舱实况,13年从学习到自主

2008年9月26日,中国航天员进行了第一次出舱行走。

当时,我们使用的便是第一代"飞天"航天服,从外形就可以看出来,这款航天服与俄罗斯的海鹰舱外航天服有着许多相似之处。

但经过13年之后,中国航天员所穿着的第二代"飞天"航天服,就已经和其他国家的航天服有了区别,开始使用了自己独特的设计,以满足我国航天任务的需求。

很快,中国空间站必然会进行更多的出舱行走任务,加快空间站的建设。

未来,中国空间站还将会有巡天空间望远镜伴飞,航天员们也将会对其进行维修和调试。在这个过程中,中国的新一代航天服和它独特的设计,必定能够发挥出更大的作用。在航天服的设计制作过程中,高中物理知识也比比皆是。相信大家都记得我国航天员翟志

刚身穿我国制造的航天服出舱活动的视频,这一场景让多少中华儿女激动和自豪,这代表我国在航天领域跨出了巨大的一步。这表示,中国制造的宇航服,不仅能有效适应太空环境,也完美确保了我们航天员的安全。

【思考与讨论】

1. 太空环境和地球表面环境在压力、物质成分、温度等几方面有什么区别?

2. 为了保障航天员在出舱执行任务的安全可靠,太空服需要设计哪些功能?

3. 从相对论的角度,想想太空航行的时间和地球上的时间是否一致?

在设计和制造航天服的过程中,要考虑到三个方面。首先,太空环境和地球不一样,是真空,既没有空气也没有水,人在地球上已经适应了大气层所带来的大气压强,如果人从标准的气压环境,迅速降低到真空的气压环境,溶解在血液里的氮气就会迅速释放出来,轻则关节疼痛,中风偏瘫,重的还会危及生命。为了解决这个问题,要在压强降低之前,把血液里的氮气慢慢排出来,排除氮气的方法就是吸氧,需要往航天服里不断输送氧气,让航天服变成纯氧状态,把航天服里面的氮气带出来。到了太空,人的身体和真空环境会形成巨大的压力差,宇航服必须实现太空环境和地球环境压力的平衡,还要避免压力差,借助高中物理的热力学三大定律,可以通过宇航服内外两侧的气压调节,构造一个载体承接两部分的气压,我们正常生活的气压在一个大气压,也就是101千帕斯卡左右,真空的气压为零,航天服在中间起到冲压的作用,航天服内的气压应为30～40千帕斯卡,航天员活动时,穿上舱外航天服,由于内外气压差,根据热力学规律,压强减小,体积会增加,航天服会像气球一样膨胀起来,航天服气压越高,膨胀越厉害,所以为了方便航天活动,航天服的设计和改进还要继续进行。

第二个方面是温度的差异。舱外航天服作为航天员在太空中执行任务的必要装备,体现了一个国家的航天航空中最高的科技水平,太空中高温高达140多℃,而低温低至零下180多℃,强紫外线,尘埃般的高能粒子流,芝麻一样大的微流星体,任何一种都可以导致航天员的死亡。

一旦尘埃般的高能粒子流以十几倍的音速的速度击中了航天员,根据动量定理,物体在一个短时间内所受到的合外力的冲量等于物体动量的变化量,虽然高能粒子流和微流星体的质量很小,但是它们的速度非常大,而且是在短时间内,由一个很大的速度值变成零,它们的动量改变量也就非常大,它们所受到的冲量也就很大,又因为时间是很短的,所以它们的受力也是很大的,而根据牛顿第三定律,它们给到航天员的冲击力,应该和它们所受到的力大小相等方向相反,这对航天员是致命的。

人体如果暴露在过低的气压当中,血液因为血压过低就会向外涌出,而且溶解在血液里的气体也会从血液里释放出去。舱外航天服不仅要自带电源压力调节、制冷，还要将各种功能高度集成，而且还要独立遥控，还要实现环境保障、环境调控、生命保障、信息采集、数据处理和通信功能，所以航天服至少为三层。第一层航天服为隔热层，为了让宇宙环境中的温度变化不会对航天员产生伤害，需要在这一层选择一些热传导率比较低的材料来制作，第二层是为了保障航天员身体生理特征的稳定，那么，它的散热一定要稳定，所以这一层往往用液体制作，因为冷却液的比热容比较大，可以吸收更多的热量来维持航天员温度的稳定，且液体与气体相比液体的导热效率要比气体更高一些。第三层也就是最外面的一层是一个多功能防护层，刚才说过，宇宙射线的极高速粒子和光子流，这些都会对航天员的生命造成很大的威胁，所以这一层是很多不同材料的丝线做成的，它具备防辐射、防磨等功能，同时，航天员和外界的通信，以及各种数字化应用，不仅要录入信息还要能够存取和发送信息，实现通信的功能。对于航天员来说，航天服就是他们生命安全的保护伞，每一个航天服都要具有多功能的集成，其实一个航天服就相当于是一个小型飞行器。

　　高中物理知识在太空飞船中微重力环境的运用。大家还记得我们看过的电影《地心引力》吗？这些科幻电影当中，我们仔细观察飞船中活动舱往往都是处在一种缓慢的、旋转的状态的，并且大家应该发现，飞船当中的航天员以及相关的工作人员并不是像我们想象的飘浮在太空中的，在科幻电影中，我们会看到他们在飞船当中，就像在地球上一样的行走，这难道是电影制作人没有考虑到太空中的重力环境的问题吗？其实，通过高中物理知识的学习，这里主要用到了离心力的作用，我们为了让飞行员、航天员以及工作人员能够在飞船当中比较自如地行动、高效率地工作，就要制造并模仿地球表面的重力环境，在忽视动力来源的情况下，可以利用高中物理里的离心力公式分析，如果一个物体，它的旋转角速度越大，那么，它的离心力也就越大，这个离心力可以抵消向心力，那么，抵消失重的效果就很好。在向心力公式当中，向心力等于旋转体的质量乘以旋转体的线速度的平方，除以旋转半径，而在航天器上，工作人员所受的作用力不仅仅来自于地球，同时，他们还受到包括宇宙当中的其他星体，然后每个人都存在一定的个体差异，所以我们要选择航天器的旋转速度来提供离心力，去抵消失重的影响，通过创造一个微重力环境来规避引力、合力同离心力所发生剧烈的变化。而航天器在轨运行时会受到地球引力以外的各种干扰力的作用，达不到完全的失重状态，而是一种"微重力"环境。

　　用宇宙飞船旋转代替向心力的反作用力来代替重力。为了提供这种模拟重力，飞船将被旋转，导致内部物体被推到外部边缘，给人一种重量感。这意味着我们给飞行器加上角速度(ω)在离中心一段距离(r)处，它将产生一个相当于毫克（重量）的作用力。要做到这一点，宇宙飞船必须非常非常大，否则科里奥利效应会让航天员生病。

演示失重　　　　　　　王亚平太空授课　　　演示太空舱内的微重力对物体影响

图2-4

【查一查,做一做】

"微重力"是对"失重"的偏离,其大小通过航天器所受到各种干扰力的加速度来度量,也称为微重力加速度。干扰力来源包括多个方面,既有外界的固有摄动力,也有航天器系统内部的各种作用力。大气阻力、太阳光压、重力梯度效应以及轨道机动、姿态控制、设备的运转和动作,还有乘员的活动,都会影响空间站上的微重力加速度水平。

在近地空间条件下,由于航天器位置调整、轨道高度、航天员活动等因素引起的重力级别一般为$g \times 10^{-6}$到$g \times 10^{-4}$之间,飞行器中各种物体均处于微重力状态,许多物理现象如对流、浮力、流体静压力、沉降等将会消失,因此微重力对生物体机能会产生重大影响。已经证实,微重力环境可以影响航天员健康的多个方面,包括骨质丢失、肌肉组织代谢与形态功能、心血管系统功能、免疫系统及功能等。请同学们查一查,怎么利用物理知识调整宇宙飞船的状态去模拟地球上的重力环境,让航天员免受微重力的环境对身体的不良影响。

要做到这些,对国家的经济实力和科研水平是一个挑战。因此,能够进行宇宙探索特别是载人航天工程,更是一个国家综合国力和科技水平的重要体现。

【课后练习】

1. 要发射一颗人造地球卫星,能够不被地球的引力拉回地球表面,需要的最小速度就叫(　　)。

A. 第一宇宙速度　　　　B. 第二宇宙速度　　　　C. 第三宇宙速度

2. 为了保障航天员在出舱执行任务的安全可靠,太空服需要设计哪些功能(　　)。

A. 调节人体适应压强环境　　B. 调节人体接触温度　　C. 通信　　D. 防辐射

3. 对于微重力的理解,正确的是(　　)。

A. 飞行器中各种物体均处于微重力状态,对航天员的身体健康有影响

B. 调整宇宙飞船的状态去模拟地球上的重力环境,可以减轻微重力的影响

C. 在微重力状态,许多物理现象如对流、浮力、流体静压力、沉降等不会有影响

D. 用宇宙飞船旋转产生向心力的反作用力来代替重力

【参考答案】

1. A　　　2. ABCD　　　3. ABD

参考文献

[1] 韩鸿宇.高中物理知识关于航天工程之应用[J].新课程·中学,2018(10).
[2] 桑启航.高中物理与航空航天[J].课程教育研究,2018(40).
[3] 张景嘉.高中物理知识在航空领域的应用[J].数字通信世界,2019(1).
[4] 郑杰.高中物理知识在航空航天领域的应用初探[J].文理导航,2019(10).
[5] 康景乔.高中物理知识在航空航天方面的应用研究[J].祖国,2018(24).
[6] 王冠斌.高中物理知识在航空航天方面应用浅谈[J].中国高新区,2018(8).

第二节　在航天领域开展的物理学研究——热毛细对流实验

【导言】

2022年4月16日9时56分,神舟十三号载人飞船返回舱在东风着陆场成功着陆。3位航天员在轨工作、生活183天后安全顺利出舱。在轨驻留期间,翟志刚、王亚平、叶光富化身"太空教师",为地面中小学生带来两次精彩的太空授课。2022年3月23日下午,"天宫课堂"第二课在中国空间站开讲,神舟十三号三名航天员相互配合进行授课,在轨演示了太空"冰雪"实验、液桥演示实验、水油分离实验、太空抛物实验等一系列有趣、神奇的实验。其中,在天宫课堂的液桥演示实验中,水在表面张力作用下将两个塑料板连接起来,搭建成连接两物体的一座水桥。

早在2016年9月15日,长征二号火箭托举着中国首个太空实验室天宫二号奔向太空。天宫二号里,中国首次开展液桥热毛细对流的空间实验,研究在空间微重力环境下热毛细对流的失稳机制问题,拓展流体力学的认知领域。液桥是2个固体表面间连接的一段液体。在太空微重力环境下,可以建立起很大尺寸的液桥。本次实验,用天宫二号上搭载的液桥热毛细对流实验装置完成。而

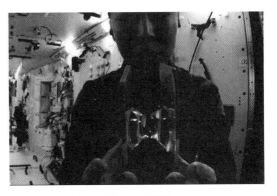

图2-5　液桥

太空特有的微重力环境将使科学家深入剖析热毛细对流的真实过程。

【学习目标】

1. 简述太空中的失重状态及造就的微重力环境。
2. 了解液桥热毛细对流的概念及地面和太空中影响对流的主要因素。
3. 了解我国在微重力流体领域取得的丰硕成果。

【思考与讨论】

1. 你们见过由水或者液体搭建的桥吗？
2. 仔细观察，请举出生活中应用液桥的实例。

一、微重力环境

由于地球引力的作用,生活在地球表面的物体均受到重力,地球表面的重力加速度为9.8米/秒²。我们对地球的正常重力环境习以为常,深刻理解重力环境中蕴含的科学规律。例如,不管你跳得多高,最终总会落向地面;烧水时,水壶底部产生的气泡受到浮力作用自发向上排出。

微重力描述一种特殊的受力环境,即在该环境中的有效重力水平极低。[1]根据英文Microgravity的原意,该环境中的重力水平仅为地球表面重力9.8米/秒²的10^{-6}倍。解释通俗一些,也把微重力简化成微小重力,有时也有低重力之称。例如,在各种抛体系统中,能够形成一种"失重"状态,但这种失重状态极其短暂,科学家们无法进行相关的实验研究。随着我国航天技术的发展,人们把飞船发射到预定轨道,并绕地球做圆周运动,地球引力提供飞船做圆周运动所需要的向心力,从而地球引力使飞船表现"下落"的效果就没有了,在飞船中形成了近乎"完全失重"的环境。

微重力条件下重力水平极低甚至可以忽略不计,重力所导致的效果基本消失。对流体(即液体和气体)而言,液体表面张力占据重要位置,所以在微重力状态下,流体的表现与常重力环境显著不同。[2]微重力下,气泡能够在液体中悬浮而不排出。正常重力状态下,在地面烧水时,靠近水壶底部的液体温度高,受热膨胀体积增大密度减小,底部液体向上流动,上层液体温度低,体积收缩密度增大向下流动,形成热交换,传热更快,水很容易烧开。微重力状态下,用于计算浮力大小的阿基米德原理不再适用,液体自身的对流消失不见,气泡也不再受到液体的浮力无法从水中排出。于是,气泡始终停在水壶底部,造成热量无法传导,上层液体很难升温。

微重力状态下流体的运动特点、行为表现与地面流体大相径庭。当重力接近零时,各种密度的介质不再发生相对沉降,而是彼此悬浮在空间中。微重力环境中的悬浮状态给科学家带来许多新的挑战,但同时又为材料加工和晶体生长提供新的机遇。

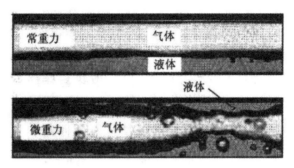

图2-6

二、微重力流体科学的发展

微重力流体科学主要是研究在极低的重力条件下流体介质的运动特点、性质规律。所以,在某种程度上,微重力科学的核心内容是微重力流体。从力学层面看,微重力流体力学与高质量的材料制备、空间生物技术等科学息息相关。随着研究过程的深入,微重力流体力学不断与其他学科交叉融合,科学家们也越来越重视重力对流体系统的影响。

科学家对于微重力环境的流体有一个漫长的探究过程。20世纪60年代初,随着航天事业的发展,关于微重力的相关研究提上了日程。虽然学术界对微重力环境的科学探索充满信心,但许多人更看重微重力环境中能制造出高质量的材料,从而获取巨大的商业利益。微重力研究始终贯穿科学和技术两条主线。由于微重力存在的经济效益和商业前景,各国政府主动投入大量科研经费,大力支持微重力领域的研究。另一方面,作为当今世界最前沿、最先进的课题,许多科学家对微重力的新规律和蕴藏的应用价值产生浓厚兴趣,自愿投入时间、精力,从事微重力的科学技术研究。

20世纪80年代,我国开始从事微重力科学的研究。在国家高技术研究发展计划的促进下,我国科学家利用中国返回式卫星搭载进行了一批空间实验,主要是中国科学院半导体研究所和兰州微重力科学研究所负责的材料科学实验。[3-5]早期的返回式卫星搭载的空间实验资源比较有限,但这些空间试验获得了一些好的学术成果。在中国,微重力流体力学的理论和地面实验研究起步比较早。[1]在北京落塔建成以前,中国科学家与日本科学家合作完成了半浮区热毛细对流的微重力实验[6]和液滴马兰戈尼迁移的微重力实验[7],取得了很好的结果。我国空间流体物理实验的起步比材料科学实验晚10年。1999年在SJ-5号科学实验卫星上,进行了两层不混溶液体的马兰戈尼对流和热毛细对流实验。1999年利用俄罗斯和平号空间站首次完成了较长微重力时间的液/气两相的流型实验。2004年在神舟四号飞船上完成了液滴马兰戈尼迁移实验。2005年利用中国返回式卫星的搭载机会完成了气泡迁移和相互作用实验,以及新型生物反应器的原理性实验。2006年,利用返回式SJ-8号科学实验卫星的留轨舱,进行了9项微重力实验[8],其中6项与微重力流体科学有关。这些空间实验在学术上取得了一批很好的成果。

【思考与讨论】

我国开展微重力流体的科学研究有什么意义?

三、液桥热毛细对流实验

2016年9月15日,长征二号火箭托举着天宫二号从酒泉卫星发射中心成功飞向太空。天宫二号是中国第一个真正意义上的空间实验室,该实验室在太空开展10余项空间科学与应用项目,应用项目是我国载人航天历次任务中最多的一次。其中,涉及微重力流体力学、空间材料科学、空间生命科学、空间天文探测、空间环境监测、对地观测及地球科学研究以及新技术试验等多个领域。其中一项——液桥热毛细对流实验取得了一些成果。

1. 液桥

生活中提到桥,大家首先想到的是一种连接两地架空的人造通道。有木质桥、石桥、砖桥、混凝土桥、钢筋混凝土桥等,均是由质地坚硬的固体材料构造而成。你是否见过由水或者液体搭建而成的桥?其实,当你洗手时,两指尖极短的小液柱就是液桥。液桥不是传统意义上的交通桥梁,它没有抗弯与抗压性,我们无法通过液桥到达对岸,也无法站在液桥上看风景。之所以将其称为"液桥",是因为桥有连接两地的含义,简而言之,液桥就是将两个固体表面连接起来的一小段液柱。在正常重力环境下,液体跟气体接触的表面存在一个薄层,叫作表面层,表面层里的分子比液体内部稀疏,分子间的距离比液体内部大,分子间的相互作用表现为引力。液体表面好像有一层收紧的弹性薄膜,正是这层薄膜的存在,使得液桥的表面不会坍塌,也使得一些小昆虫在水面上行走自如。但是,液体表面张力很微弱,常规重力状态下,液桥尺寸很短(一般只有几毫米),大于这个尺寸,液桥将无法平衡其重力而垮塌。[9]

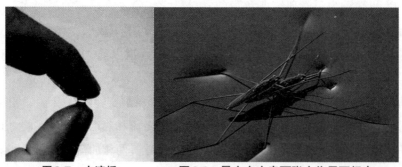

图2-7　小液桥　　　　图2-8　昆虫在水表面张力作用下行走

2. 太空中的液桥

太空中微重力环境下,重力极小几乎可以忽略不计,所有物体均处于"失重"状态。重力"消失"后,液体表面张力发挥重要作用,地面上只能形成的小液滴,在空间站可以形成比较大的液球。因此,利用太空的失重环境,可以构造大尺寸的液桥。目前,国际空间站已经构造出直径50毫米的液桥。要保证液桥的稳定性,液桥的高度和直径的比值不能太大,否则,过于细长的液桥,即使在太空中也会断掉。

3. 热毛细对流

在地面上,自然对流的主要形式是浮力对流。流体受热膨胀体积变大密度变小就会上浮;流体冷却收缩体积变小密度变大就会下降,自然对流形成。重力是浮力对流产生的根本原因。

科学家们曾经设想,太空环境下重力极其微小,浮力对流消失。那么,外太空将是理想的无对流环境,在这种环境下能够制造出高质量高纯度的单晶。因此,许多科学家在国际空间站和太空实验室进行了晶体生长实验。结果,晶体还是存在条纹缺陷。

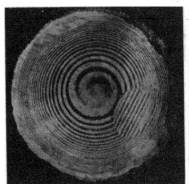 

图2-9 晶体旋转引起的条纹　　图2-10 对流引起的条纹

理想破灭的主要原因是,虽然浮力对流不见了,但另一种在地面上不被察觉的对流方式——热毛细对流开始占主导地位。我们知道,液体表面张力会随着温度的变化而变化,温度高的位置表面张力小,温度低的位置表面张力大,表面张力不一致成为导致微重力流动的主导因素。表面张力又叫毛细力,表面张力受温度影响驱使液体流动,又称作热毛细流动,或者叫作马兰戈尼对流。若液桥两侧有温差,一侧温度高,一侧温度低,在表面张力的作用下,会产生热毛细流动。太空微重力环境下,由于浮力对流消失了,热毛细流动成为主要的对流方式。除此之外,研究表明,当两侧温度差超过某一临界值时,热毛细流动还会进入一种振荡流的状态,可以体现为温度的振荡。那么,晶体在生长的过程中处在不稳定的温度场中,当然就会出现条纹了。

为生产出高质量的半导体材料,就要将浮力对流、热毛细振荡流对晶体生长的影响降到最低,我国科学家一直希望能在太空微重力环境进行实验。经过反复努力,天宫二号实验室终于有了"液桥热毛细对流"项目的一席之地,这同时也是我国第一次在微重力环境下研究热毛细对流实验。

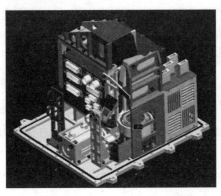

图2-11　热毛细对流箱内部结构设计图和实物图

【思考与讨论】

人类是否能利用微重力环境制造出高质量、高纯度的单晶?

四、热毛细对流研究成果及展望

1. 热毛细对流研究成果

在中国科学院院士胡文瑞指导下,中国科学院力学研究所微重力重点实验室康琦团队在实践十号返回式科学实验卫星和天宫二号空间实验室任务中成功完成两项空间流体科学实验,深入研究了热毛细对流不稳定性机制,取得一系列成果。

(1)"热毛细对流表面波空间实验研究"是实践十号微重力科学实验卫星开展的19项空间实验之一(2016年4月)。它以丘克拉斯基晶体生长方法提炼出的环状流热毛细对流体系作为研究对象,采用红外热像、精密位移传感、高精度温度采集与控制以及在线图像记录等综合流场诊断技术,对热毛细对流的表面波动结构与模态转变过程进行全面观测。

实验首次以体积比作为关键参量,系统地研究自由面不同曲率形貌对热毛细对流不稳定性的影响,成为体积比效应理论的首次成功拓展;分析了热流体波的模式演化与转变过程,发现了驻波/行波耦合、$m=3/m=4$耦合和Benjamin-Feir不稳定等新流态,探明不同模式表面波之间的非线性竞争机制。

(2)"大Prandtl数液桥热毛细对流研究"是在载人航天工程天宫二号开展的空间科学实验(2016年12月-2019年7月)。液桥模型来源于浮区晶体生长方法,该项目利用微重力环境建立不同几何形状的大尺寸液桥(最大高度22毫米),研究液桥热毛细对流失稳与振荡的转捩分岔机制。历时32个月完成了740余组空间实验,是国际上最长时间、最多工况、最系统的空间流体实验。

该实验探明了液桥热毛细对流振荡的临界马兰戈尼数范围,刻画了几何参数效应(涵盖体积比和高径比)的完整起振图谱,首次观测到垂直跳变型失稳新效应;发现了热毛细对流多次转捩新机制;首次提出了独特的低频起振失稳区域新概念,对临界失稳条件有了全新的认知;得到不同几何参数下行波与驻波的多模式转换图谱;发现了微重力下更为丰富的、复杂的耦合分岔途径。

两项空间实验分析了两种模型热毛细对流由定常流动发生失稳、形成振荡、分岔演变最终进入混沌的整个转捩过程,深入探讨了临界条件、流动模态、流场结构、转捩途径与失稳机制等问题,为湍流这一难题的突破寻找破解的途径,对掌握微重力流体物理的基本规律、拓展流体物理理论研究具有重要学术意义,在空间/地面材料生长、焊料融化与凝固、流体管理及热质输运等方面有重要应用价值。两项空间实验载荷均由中科院力学所康琦团队分别联合中国航天员科研训练中心、中科院空间应用工程与技术中心等单位研制完成,突破了多项微重力流体实验的关键技术,并在空间实验中得到成功验证。

2.展望

热毛细对流是一种普遍存在的自然对流现象。为了总结其基本理论规律、性质,也为了挖掘、利用其背后隐藏的应用价值和商业价值,我们都必须进行更深入的研究。虽然科学家们已经开展了数十年的努力探索,但是由于热毛细振荡对流的复杂性以及对流系统的多样性,目前仍有许多问题有待解决。

【课后练习】

1. 2003年10月22日神舟五号飞船绕地球载人飞行时,用某种金属做微重力实验。在太空中,这种金属的哪个物理量一定不会改变(　　)。

　　A.质量　　　　B.温度　　　　C.体积　　　　D.密度

2. 我国于1970年4月发射升空的东方红一号卫星,至今已在太空无动力飞行了50多年。这主要是由太空环境的某些特性所致,这些特性是(　　)。

　　①高真空　　　　②超低温　　　　③强辐射　　　　④微重力

　　A.①②　　　　B.②③　　　　C.①④　　　　D.③④

3. 流体是那样一种物质,它(　　)。

　　A. 不断膨胀,直到充满任意容器

　　B. 实际上是不可压缩的

　　C. 不能承受剪切力

　　D. 在任一剪切力的作用下不能保持静止的

【参考答案】

1. A　2. C　3. D

参考文献

[1] 胡文瑞,徐硕昌.微重力流体力学[M].北京:科学出版社,1999:1—23.

[2] 康琦,侯瑞.微重力流体管理在航天工程中的应用[J].自然杂志,2007(6).

[3] 林兰英.中国微重力科学与空间实验[M].北京:中国科学技术出版社,1988.

[4] Zhong X R, Lin L Y. GaAs single crystal growth in space.[M]//Hu W R, ed. Space Science in China. New York: Gordon & Breach Science Publisher, 1997: 333—354.

[5] Chen W C. Space material science.[M]//Hu W R, ed. Space Science in China. New York: Gordon & Breach Science Publisher, 1997.315—332.

[6] Yao Y L, Xie J C, Shu J Z, et al. Microgravity experiment in oscillatory convection in liquid bridge of floating half zone[J]. Acta MechSin, 1995, 27: 663.

[7] Xie J C, Lin H, Han J H, et al. Experimental investigation of thermocapillary migration of isolated drop[J]. Adv Space Res, 1999, 24:1409.

[8] Hu W R. Preface of special issue: Microgravity experiments on board the Chinese recoverable satellite[J]. Microgravity Sci Tech, 2008,20: 59.

[9] 吴笛.液桥是座什么桥?——天宫二号液桥热毛细对流实验[J].军事文摘,2015(22).

第三节　高中物理学业水平考试中的航天知识

【导言】

人类在征服大自然的漫长岁月中,早就产生了翱翔天空、遨游宇宙的愿望。1970年4月24日,中国首颗人造地球卫星东方红一号成功发射,自此开启中国的太空时代。随着我国航天事业的快速崛起,神舟系列飞船及嫦娥系列卫星的成功发射,国人的航天梦正在稳步向前迈进。在我国航天事业蓬勃发展的同时,航天相关的热点话题在高考中体现得越来越明显。这也体现了物理知识在科技发展、生活应用等方面的实践要求。

一、飞船、卫星的发射与回收

人造地球卫星之所以能按照预定的轨道,周而复始地环绕地球运行,既不飞出去,也不掉下来,主要是因为卫星的发射满足了速度和高度这两个必要的条件。1687年,英国著名科学家牛顿指出:假如在山顶上平放一门大炮,以一定速度发射出一发炮弹,炮弹将沿着一条曲线(弹道),飞出一段距离(射程),然后落回地面。若不考虑空气阻力,当发射速度不断增加,射程也必然相应增加,而且弹道曲线将越变弯曲度越小。这样,只要速度能增加到某一数值,弹道的弯曲度将和地球表面的弯曲度一模一样。这时候,虽然发射出去的炮弹在地球引力作用下不断降落,但因地球表面也在不断向里弯曲,不论炮弹飞出多远,它距离地面的高度将永远不变。这颗炮弹已成为一颗以圆形轨道不停地环绕地球运行的人造卫星。我们通常将炮弹所需的这种速度称为"第一宇宙速度",又称"环绕速度",数值为7.9km/s。

我国目前共有五个发射基地:酒泉卫星发射中心、太原卫星发射中心、西昌卫星发射中心、文昌卫星发射中心、中国东方航天港。它们的共同特征:纬度低,地球自转线速度大,沿着与地球运动方向一致,向东发射可充分利用自转线速度的作用,可以加大发射的推动力,节省燃料和成本。

【例1】 (2023·湖北卷)2022年12月8日,地球恰好运行到火星和太阳之间,且三者几乎排成一条直线,此现象被称为"火星冲日"。火星和地球几乎在同一平面内沿同一方向绕太阳做圆周运动,火星与地球的公转轨道半径之比约为3:2,如图所示。根据以上信息可以得出( )。

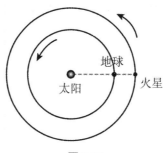

图2-12

A. 火星与地球绕太阳运动的周期之比约为27:8

B. 当火星与地球相距最远时,两者的相对速度最大

C. 火星与地球表面的自由落体加速度大小之比约为9:4

D. 下一次"火星冲日"将出现在2023年12月8日之前

解析 A. 火星和地球均绕太阳运动,由于火星与地球的轨道半径之比约为3:2,根据开普勒第三定律有 $\dfrac{r_{火}^3}{r_{地}^3}=\dfrac{T_{火}^2}{T_{地}^2}$,可得 $\dfrac{T_{火}}{T_{地}}=\sqrt{\dfrac{r_{火}^3}{r_{地}^3}}=\dfrac{3\sqrt{3}}{2\sqrt{2}}$,故A错误。

B. 火星和地球绕太阳做匀速圆周运动,速度大小均不变,当火星与地球相距最远时,由于两者的速度方向相反,故此时两者相对速度最大,故B正确。

C. 在星球表面根据万有引力定律有 $G\dfrac{Mm}{r^2}=mg$,由于不知道火星和地球的质量比,故无法得出火星和地球表面的自由落体加速度,故C错误。

D. 火星和地球绕太阳做匀速圆周运动,有 $\omega_火=\dfrac{2\pi}{T_火}$,$\omega_地=\dfrac{2\pi}{T_地}$,要发生下一次火星冲日则有 $\left(\dfrac{2\pi}{T_地}-\dfrac{2\pi}{T_火}\right)t=2\pi$,得 $t=\dfrac{T_火 T_地}{T_火-T_地}>T_地$,可知下一次"火星冲日"将出现在 2023 年 12 月 18 日之后,故D错误。

故选B。

答案 B

练习1 (2021·北京市海淀区高三下一模)2020年12月17日凌晨,嫦娥五号返回器在我国内蒙古中部四子王旗着陆场成功着陆,这一事件标志着我国首次月球采样任务取得圆满成功。此次任务中,为了节省燃料、保证返回器的安全,也为之后的载人登月返回做准备,返回器采用了半弹道跳跃返回方式,具体而言就是返回器先后经历两次"再入段",利用大气层减速。返回器第一次再入过程中,除受到大气阻力外还会受到垂直速度方向的大气升力作用,使其能再次跳跃到距地面高度120 km以上的大气层,做一段跳跃飞行后,又再次进入距地面高度120 km以下的大气层,使再入速度达到安全着陆的要求。这一返回过程如图所示。若不考虑返回器飞行中质量的变化,从以上给出的信息,可以判断下列说法中正确的是(　　)。

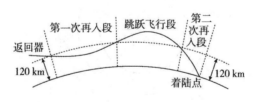

图2-13

A.若没有大气层的减速作用,返回器返回着陆点时的速度等于第一宇宙速度

B.返回器在第一次再入段,经过轨道最低点前已开始减速

C.返回器在第一次再入段,经过轨道最低点时所受大气升力与万有引力大小相等

D.返回器从第一次再入至着陆过程中与大气摩擦产生的热量等于其第一次再入时的动能

解析 第一宇宙速度是卫星贴近地面做匀速圆周运动的最小环绕速度,若没有大气层的减速作用,当返回器返回时万有引力做正功,返回着陆点时的速度可能大于第一宇宙速度,之所以会落到地球上是因为速度方向指向地球,A错误;返回器在第一次再入段,由于

受到大气的阻力以及垂直速度方向的大气升力作用,经过轨道最低点前已开始减速,B正确;返回器在第一次再入段,经过轨道最低点时,由于有向上的加速度,可知所受大气升力大于万有引力大小,C错误;返回器着陆时还具有一定的速度,则从第一次再入至着陆过程中与大气摩擦产生的热量小于其第一次再入时的动能,D错误。

答案 B

二、飞船、卫星的在轨运行

发射升空的卫星可以在不同的轨道上围绕地球运动。一般分为近地圆轨道、地球同步轨道、极地轨道。

1. 天体(卫星)运行问题分析

天体或卫星的运动可近似看成匀速圆周运动,其所需向心力由地球(中心天体)对卫星的引力来提供。

2. 基本公式:

(1) 线速度:$G\dfrac{Mm}{r^2}=m\dfrac{v^2}{r}\Rightarrow v=\sqrt{\dfrac{GM}{r}}$

(2) 角速度:$G\dfrac{Mm}{r^2}=m\omega^2 r\Rightarrow \omega=\sqrt{\dfrac{GM}{r^3}}$

(3) 周期:$G\dfrac{Mm}{r^2}=m\left(\dfrac{2\pi}{T}\right)^2 r\Rightarrow T=2\pi\sqrt{\dfrac{r^3}{GM}}$

(4) 向心加速度:$G\dfrac{Mm}{r^2}=ma\Rightarrow a=\dfrac{GM}{r^2}$

结论:r越大,v、ω、a越小,T越大。

【技巧点拨】

(1)公式中r指轨道半径,是卫星到地球(中心天体)球心的距离,R通常指地球(中心天体)的半径,有$r=R+h$。

(2)近地卫星和同步卫星。

地球卫星运动的轨道平面一定通过地心,一般分为赤道轨道、极地轨道和其他轨道,同步卫星的轨道是赤道轨道。

1) 近地卫星:轨道在地球表面附近的卫星,其轨道半径$r=R$(地球半径),运行速度等于第一宇宙速度$v=7.9$ km/s(人造地球卫星的最大运行速度),$T=85$ min(人造地球卫星的最小周期)。

2) 同步卫星。

① 轨道平面与赤道平面共面。

② 周期与地球自转周期相等，$T=24$ h。

③ 高度固定不变，$h=3.6\times10^7$ m。

④ 运行速率均为$v=3.1\times10^3$ m/s。

【例2】 (2022·湖北卷)2022年5月，我国成功完成了天舟四号货运飞船与空间站的对接，形成的组合体在地球引力作用下绕地球做圆周运动，周期约90分钟。下列说法正确的是(　　)。

A. 组合体中的货物处于超重状态

B. 组合体的速度大小略大于第一宇宙速度

C. 组合体的角速度大小比地球同步卫星的大

D. 组合体的加速度大小比地球同步卫星的小

解析 A. 组合体在天上只受万有引力的作用，则组合体中的货物处于失重状态，A错误。

B. 由题知组合体在地球引力作用下绕地球做圆周运动，而第一宇宙速度为最大的环绕速度，则组合体的速度大小不可能大于第一宇宙速度，B错误。

C. 已知同步卫星的周期为24h，则根据角速度和周期的关系有$\omega=\dfrac{2\pi}{T}$，由于同步卫星的周期大于组合体的周期，则组合体的角速度大小比地球同步卫星的大，C正确。

D. 由题知组合体在地球引力作用下绕地球做圆周运动，有$G\dfrac{Mm}{r^2}=m\dfrac{4\pi^2}{T^2}r$，整理有$T=2\pi\sqrt{\dfrac{r^3}{GM}}$，由于同步卫星的周期大于组合体的周期，则同步卫星的半径大于组合体的半径，且同步卫星和组合体在天上有$ma=G\dfrac{Mm}{r^2}$，则有同步卫星的加速度小于组合体的加速度，D错误。

故选C。

答案 C

练习2 (卫星运动分析)(2016·全国卷Ⅰ·17)利用三颗位置适当的地球同步卫星，可使地球赤道上任意两点之间保持无线电通信。目前，地球同步卫星的轨道半径约为地球半径的6.6倍。假设地球的自转周期变小，若仍仅用三颗同步卫星来实现上述目的，则地球自转周期的最小值约为(　　)。

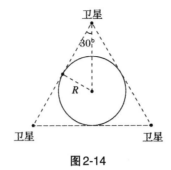

图2-14

A.1 h B. 4 h C. 8 h D. 16 h

解析　地球自转周期变小,卫星要与地球保持同步,则卫星的公转周期也应随之变小,由开普勒第三定律 $\dfrac{r^3}{T^2}=k$ 可知卫星离地球的高度应变小,要实现三颗卫星覆盖全球的目的,则卫星周期最小时,由数学几何关系可作出卫星间的位置关系如图所示。

卫星的轨道半径为 $r=\dfrac{R}{\sin 30°}=2R$

由 $\dfrac{r_1^3}{T_1^2}=\dfrac{r_2^3}{T_2^2}$ 得

$$\dfrac{(6.6R)^3}{24^2}=\dfrac{(2R)^3}{T_2^2}$$

解得 $T_2 \approx 4\text{h}$.

答案　B

三、天体质量与密度的计算

科学真是迷人。地球、太阳等天体的质量是多少? 天平无法测量。但在我们学习了牛顿万有引力定律之后,我们便可以通过它来"称量"。英国物理学家卡文迪许号称"第一个称量地球的人",因为他首先通过实验得到了万有引力常数的值。求天体质量和密度方法:在地面附近地球对物体的万有引力近似等于物体的重力。由于地球的自转,因而地球表面上的物体随地球自转时需要向心力。所以重力实际上只是万有引力的一个分力,另一个分力就是物体随地球自转时需要的向心力,这个分力与万有引力相比很小,忽略不计,可近似认为万有引力等于物体的重力。

应用万有引力定律估算天体的质量、密度:

(1) 利用天体表面重力加速度。

已知天体表面的重力加速度 g 和天体半径 R,

① 由 $G\dfrac{Mm}{R^2}=mg$,得天体质量 $M=\dfrac{gR^2}{G}$。

② 天体密度 $\rho=\dfrac{M}{V}=\dfrac{M}{\frac{4}{3}\pi R^3}=\dfrac{3g}{4\pi GR}$。

(2) 利用运行天体。

测出卫星绕中心天体做匀速圆周运动的半径 r 和周期 T。

① 由 $G\dfrac{Mm}{r^2}=m\dfrac{4\pi^2}{T^2}r$，得 $M=\dfrac{4\pi^2 r^3}{GT^2}$。

② 若已知天体的半径 R，则天体的密度 $\rho=\dfrac{M}{V}=\dfrac{M}{\frac{4}{3}\pi R^3}=\dfrac{3r^3}{GT^2R^3}$。

③ 若卫星绕天体表面运行，可认为轨道半径 r 等于天体半径 R，则天体密度 $\rho=\dfrac{3\pi}{GT^2}$，故只要测出卫星环绕天体表面运动的周期 T，就可估算出中心天体的密度。

【例3】 (2020·山东省临沂市质检)2018年7月25日消息称，科学家们在火星上发现了第一个液态水湖，这表明火星上很可能存在生命。美国的洞察号火星探测器曾在2018年11月降落到火星表面。假设该探测器在着陆火星前贴近火星表面运行一周用时为 T，已知火星的半径为 R_1，地球的半径为 R_2，地球的质量为 M，地球表面的重力加速度为 g，引力常量为 G，则火星的质量为(　　)。

A. $\dfrac{4\pi^2 R_1^3 M}{gR_2^2 T^2}$　　B. $\dfrac{gR_2^2 T^2 M}{4\pi^2 R_1^3}$　　C. $\dfrac{gR_1^2}{G}$　　D. $\dfrac{gR_1^2}{G}$

解析 绕地球表面运动的物体由牛顿第二定律可知：

$$G\dfrac{Mm}{R_2^2}=mg。$$

对绕火星表面运动的物体有：$\dfrac{GM_火 m}{R_1^2}=m(\dfrac{2\pi}{T})^2 R_1$。

结合两个公式可解得：$M_火=\dfrac{4\pi^2 R_1^3 M}{gR_2^2 T^2}$，故A对。

答案 A

【例4】 (2020·广东广雅中学模拟)航天员在月球表面将一片羽毛和一个铁锤从同一高度由静止同时释放，二者几乎同时落地。若羽毛和铁锤是从高度为 h 处下落，经时间 t 落到月球表面。已知引力常量为 G，月球的半径为 R。求：(不考虑月球自转的影响)

(1)月球表面的自由落体加速度大小 $g_月$；

(2)月球的质量 M；

(3)月球的密度 ρ。

解析 (1)月球表面附近的物体做自由落体运动，有 $h=\dfrac{1}{2}g_月 t^2$，月球表面的自由落体加速度大小$g_月=\dfrac{2h}{t^2}$。

(2)不考虑月球自转的影响,有$G\dfrac{Mm}{R^2}=mg_月$,

得月球的质量$M=\dfrac{2hR^2}{Gt^2}$。

(3)月球的密度$\rho=\dfrac{M}{V}=\dfrac{\dfrac{2hR^2}{Gt^2}}{\dfrac{4\pi}{3}R^3}=\dfrac{3h}{2\pi RGt^2}$。

答案 (1)$\dfrac{2h}{t^2}$ (2)$\dfrac{2hR^2}{Gt^2}$ (3)$\dfrac{3h}{2\pi RGt^2}$

练习3 (2018·全国卷Ⅱ·16)2018年2月,我国500 m口径射电望远镜(天眼)发现毫秒脉冲星"J0318+0253",其自转周期$T=5.19$ ms。假设星体为质量均匀分布的球体,已知万有引力常量为6.67×10^{-11} N·m²/kg²。以周期T稳定自转的星体的密度最小值约为( )。

A.5×10^{9} kg/m³   B.5×10^{12} kg/m³

C.5×10^{15} kg/m³   D.5×10^{18} kg/m³

解析 脉冲星自转,边缘物体m恰对球体无压力时万有引力提供向心力,则有

$G\dfrac{Mm}{r^2}=mr\dfrac{4\pi^2}{T^2}$,

又知$M=\rho\cdot\dfrac{4}{3}\pi r^3$,

整理得密度$\rho=\dfrac{3\pi}{GT^2}=\dfrac{3\times3.14}{6.67\times10^{-11}\times5.19\times10^{-32}}$kg/m³$\approx5.2\times10^{15}$ kg/m³。

答案 C

四、航天器的追及和相遇

某星体的两颗卫星之间的距离有最近和最远之分,但它们都处在同一条直线上。由于它们的轨道不是重合的,因此在最近和最远的相遇问题上不能通过位移或弧长相等来处理,而是通过卫星运动的圆心角来衡量,若它们的初始位置与中心天体在同一直线上,内轨道所转过的圆心角与外轨道所转过的圆心角之差为π的整数倍时就是出现最近或最远的时刻。

1. 相距最近
两卫星的运转方向相同,且位于和中心连线的半径上同侧时,两卫星相距最近,从运动关系上,两卫星运动关系应满足$(\omega_A-\omega_B)t=2n\pi(n=1,2,3\cdots\cdots)$。

2. 相距最远
当两卫星位于和中心连线的半径上两侧时,两卫星相距最远,从运动关系上,两卫星运

动关系应满足$(\omega_A-\omega_B)t'=(2n-1)\pi(n=1,2,3\cdots\cdots)$。

【例5】 当地球位于太阳和木星之间且三者几乎排成一条直线时,称之为"木星冲日",2016年3月8日出现了一次"木星冲日"。已知木星与地球几乎在同一平面内沿同一方向绕太阳近似做匀速圆周运动,木星到太阳的距离大约是地球到太阳距离的5倍。则下列说法正确的是(　　)。

  A. 下一次的"木星冲日"时间肯定在2018年

  B. 下一次的"木星冲日"时间肯定在2017年

  C. 木星运行的加速度比地球的大

  D. 木星运行的周期比地球的小

解析 地球公转周期$T_1=1$年,由$T=2\pi\sqrt{\dfrac{r^3}{GM}}$可知,土星公转周期$T_2=\sqrt{125}\,T_1\approx$

11.18年。设经时间t,再次出现"木星冲日",则有$\omega_1t-\omega_2t=2\pi$,其中$\omega_1=\dfrac{2\pi}{T_1}$,$\omega_2=\dfrac{2\pi}{T_2}$,解得

$t\approx1.1$年,因此下一次"木星冲日"发生在2017年,故A错误,B正确;设太阳质量为M,行星

质量为m,轨道半径为r,周期为T,加速度为a。对行星由牛顿第二定律可得$G\dfrac{Mm}{r^2}=ma=$

$m\dfrac{4\pi^2}{T^2}r$,解得$a=\dfrac{GM}{r^2}$,$T=2\pi\sqrt{\dfrac{r^3}{GM}}$,由于木星到太阳的距离大约是地球到太阳距离的5倍,

因此,木星运行的加速度比地球的小,木星运行的周期比地球的大,故C、D错误。

答案 B

练习4 (2020·山西省太原市质检)(天体的"追及"问题)(多选)如图,在万有引力作用下,a、b两卫星在同一平面内绕某一行星c沿逆时针方向做匀速圆周运动,已知轨道半径之比为$r_a:r_b=1:4$,则下列说法中正确的有(　　)。

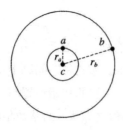

图2-15

  A. a、b运动的周期之比为$T_a:T_b=1:8$

  B. a、b运动的周期之比为$T_a:T_b=1:4$

  C. 从图示位置开始,在b转动一周的过程中,a、b、c共线12次

  D. 从图示位置开始,在b转动一周的过程中,a、b、c共线14次

解析　根据开普勒第三定律:半径的三次方与周期的二次方成正比,则a、b运动的周期之比为$1:8$,A对,B错;设图示位置ac连线与bc连线的夹角为$\theta<\dfrac{\pi}{2}$,b转动一周(圆心角为2π)的时间为T_b,则a、b相距最远时:$\dfrac{2\pi}{T_a}T_b-\dfrac{2\pi}{T_b}T_b=(\pi-\theta)+n\cdot2\pi(n=0,1,2,3\cdots\cdots)$,可知$n<6.75$,$n$可取7个值;$a$、$b$相距最近时:$\dfrac{2\pi}{T_a}T_b-\dfrac{2\pi}{T_b}T_b=(2\pi-\theta)+m\cdot2\pi(m=0,1,2,3\cdots\cdots)$,可知$m<6.25$,$m$可取7个值,故在$b$转动一周的过程中,$a$、$b$、$c$共线14次,C错,D对。

答案　AD

五、航天器的变轨和对接

10月16日,一个对中国人十分特殊的日子:1964年10月16日,中国第一颗原子弹爆炸成功;2003年10月16日,中国首次载人航天飞行圆满成功,航天员杨利伟安全着陆,我国成为世界上第三个有能力将航天员送上太空的国家;2021年10月16日,神舟十三号载人飞船的发射升空,许下驻留半年的约定,在中国载人航天史上留下新的印记。空间交会对接涉及两个飞行器,一个是目标飞行器,一个是追踪飞行器。目标飞行器首先发射升空,追踪飞行器作为主动飞行器去寻找目标飞行器进行交会对接。在交会对接过程中,追踪飞行器的飞行可以分为以下四个阶段:远程导引段、近程导引段、最终逼近段、对接停靠段。

人造地球卫星的发射过程要经过多次变轨,如图2-16所示,我们从以下几个方面讨论。

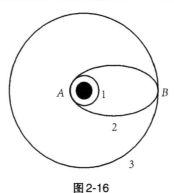

图2-16

1. 变轨原理及过程

(1) 为了节省能量,在赤道上顺着地球自转方向发射卫星到圆轨道1上。

(2) 在A点点火加速,由于速度变大,万有引力不足以提供在轨道1上做圆周运动的向心力,卫星做离心运动进入椭圆轨道2。

(3) 在B点(远地点)再次点火加速进入圆形轨道3。

2.物理量的定性分析

(1)速度:设卫星在圆形轨道1和3上运行时的速率分别为v_1、v_3,在轨道2上过A点和B点时速率分别为v_A、v_B。因在A点加速,则$v_A>v_1$,因在B点加速,则$v_3>v_B$,又因$v_1>v_3$,故有$v_A>v_1>v_3>v_B$。

(2)加速度:因为在A点,卫星只受到万有引力作用,故不论从轨道1还是轨道2上经过A点,卫星的加速度都相同。同理,从轨道2和轨道3上经过B点时加速度也相同。

(3)周期:设卫星在1、2、3轨道上运行周期分别为T_1、T_2、T_3,轨道半径分别为r_1、r_2(半长轴)、r_3,由开普勒第三定律$\dfrac{a^3}{T^2}=k$可知$T_1<T_2<T_3$。

(4)机械能:在一个确定的圆(椭圆)轨道上机械能守恒。若卫星在1、2、3轨道的机械能分别为E_1、E_2、E_3,则$E_1<E_2<E_3$。

【例6】 (2021·八省联考湖北卷)(多选)嫦娥五号取壤返回地球,完成了中国航天史上的一次壮举。如图2-17所示为嫦娥五号着陆地球前部分轨道的简化示意图,其中1是月地转移轨道,在P点由轨道1变为绕地椭圆轨道2,在近地点Q再变为绕地椭圆轨道3。下列说法正确的是(   )。

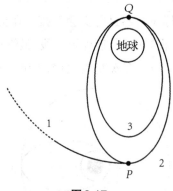

图2-17

A. 在轨道2运行时,嫦娥五号在Q点的机械能比在P点的机械能大

B. 嫦娥五号在轨道2上运行的周期比在轨道3上运行的周期长

C. 嫦娥五号分别沿轨道2和轨道3运行时,经过Q点的向心加速度大小相等

D. 嫦娥五号分别沿轨道2和轨道3运行时,经过Q点的速度大小相等

解析 嫦娥五号在轨道2运行时,只有万有引力做功,机械能守恒,A错误;根据开普勒第三定律,同一中心天体下,半长轴越长,周期越长,轨道2的半长轴比轨道3的半长轴长,所以嫦娥五号在轨道2上运行的周期比在轨道3上运行的周期长,B正确;嫦娥五号分别沿轨道2和轨道3运行时,经过Q点的向心加速度都由万有引力提供,所以经过Q点的向心加速度大小相等,C正确;嫦娥五号由轨道2变向轨道3运行时,需要减速才能实现,所以沿轨

道2运行时经Q点的速度要比沿轨道3运行时经Q点的速度大,D错误。

答案 BC

练习5 (2021·辽宁省丹东市高三下一模)我国"天问一号"于2020年7月23日在文昌航天发射场由长征五号遥四运载火箭发射升空,计划于2021年5月择机实施降落,着陆巡视器与环绕器分离,软着陆火星表面,火星车驶离着陆平台,开展巡视探测等工作。2021年2月"天问一号"到达火星,并完成了一系列的绕火星变轨,如图2-18甲所示,现将绕火星轨道简化为如图2-18乙所示,P为近火点,则下列说法正确的是( )。

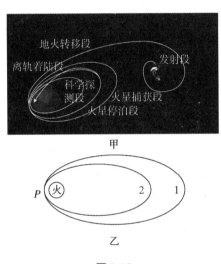

甲

乙

图2-18

A."天问一号"的发射速度大于第三宇宙速度

B."天问一号"从轨道1到轨道2需点火加速

C."天问一号"在轨道1的周期比轨道2的大

D."天问一号"经过两轨道切点P时速度相同

解析 "天问一号"的发射速度大于第一宇宙速度,小于第三宇宙速度,故A错误;"天问一号"从轨道1到轨道2是由高轨道向低轨道运动,需点火减速,故B、D错误;根据开普勒第三定律$\dfrac{a^3}{T^2}=k$,知轨道半长轴越大,周期越大,所以"天问一号"在轨道1的周期比轨道2的大,故C正确。

答案 C

第三章　高中化学与航天

经过历代航天人的努力,我国航天事业由航空大国发展到航空强国,尤其是近几年空间站的建设及航天员长时间的在轨生活令世人惊叹。航天的发展离不开各基础学科的发展,比如化学,化学是人类进步的阶梯,用化学的视角你会想到:

航天员乘坐何种工具进入太空?

宇宙飞船是用什么做的?

航天员在轨生活中氧气、水等生活必需品是如何循环利用的?

在空间站做的化学实验现象与地球上一样吗?

未来的高考化学试题会考航天知识吗?

通过本章的学习,你们将会得到不一样的答案。

第一节　高中化学知识在航天领域的应用

【导言】

人类没有翅膀,但总梦想着飞向蓝天。在科学技术落后的古代,人类把这种梦想寄托于神仙的腾云驾雾或孙悟空的筋斗云。虽然人类做过许多飞向蓝天的探索和尝试,但直到1783年法国蒙哥尔费兄弟研制出第一个热气球时,人类才真正意义上开始不断发明飞向天空的载人工具。在航空制造发展的过程中,无论是气球、飞艇,还是现代飞机、飞船、火箭,航空材料呈现出高速的更迭变换,尤其是飞机与材料一直在相互推动下不断发展,"一代材料,一代飞机"正是世界航空发展史的一个真实写照;飞机、飞船由于速度很快,能源动力要求不断提高,又由于摩擦力的原因往往要承受剧烈的温度变化,这对材

图3-1　冯如——"中国航空之父"

料使用要求极为严格。航天工程要求我们对载人飞船的能量进行精密的调配,并构建物质内循环系统。

图3-2 东方红一号——中国第一颗人造卫星

【学习目标】

1. 从航天航空的发展史,了解化学推动了航天航空的发展。

2. 了解飞船能源、气体系统。

一、热气球、飞艇时代

热气球是人类最早的飞行工具,比飞机早100多年,是现在许多体育爱好者运动之一。为什么热气球发明后的170多年都难以推广?其主要原因是气球材料和给气球空气加热的燃料都难以解决。直到20世纪20年代,由于石油化工在美国不断兴起,这两大难题都得到解决。

工作原理:利用热的空气密度变小,热气球自身重力小于浮力,气球上升,所以通过调整热气球中气体温度上升与下降,来控制热气球在空中的高度。

燃烧器及燃料:燃烧器是热气球的心脏,燃烧的燃料是丙烷或液化气。丙烷是一种烷烃,性质稳定,是一种可燃气体,在销售中常常被称为液化石油气,常混有丙烯、丁烷和丁烯等烃类物质。1911年美国沃尔特博士能制取比较纯净的丙烷并在同年3月25日获得专利,专利号1056845。

材料:热气球是由强化尼龙制成的。强化尼龙质量轻、强度大,球囊还密不透气。尼龙是以石油化工产品为原料通过一系列有机化学反应生成的一种高分子化合物。

飞艇的出现,则与世界上密度最小气体——氢气的发现与制取收集密不可分。氢气于1766年被卡文迪许(H.Cavendish)在英国发现。而在1780年,法国化学家布莱克(J.Black)把氢气灌入猪膀胱中,制得世界上第一个氢气球。由于氢气密度很小,不必要通过加热减小气体密度,所以氢气球无须外界提供能量,能够近乎无限的在空气中进行飘浮,1784年罗伯特兄弟制造了人类历史上第一艘充有氢气的人力飞艇,20世纪初,齐柏林飞艇的出现标志着飞艇的初步成熟,飞艇开始被大量应用于民用和军用领域,这是飞艇的鼎盛时期,所以人们把这期间称作飞艇的"黄金时代"。

【思考与讨论】

1.氢气在实验室、工业上是如何制取的?

2.氢气用于飞艇有哪些优点?又有什么缺点?查阅相关资料,在飞艇的黄金时代之后其发展为何陷于停滞状态?

3.氦气能否替代氢气作为飞艇填充气?

二、一代材料,一代飞机

飞机是人类征服蓝天最引以为傲的飞行工具,是20世纪最重大的科技成果之一,是集众多领域技术之大成的综合体。飞机飞行原理不同于热气球、飞艇的飞行原理。由于飞机飞行速度快,对飞机机身材料要求高,所以对机身材料的探索也从未停止,这就是航天航空的发展推动了各个领域科技的发展,尤其是化学的发展;反过来化学的发展,尤其是材料、能源领域的飞速发展也推动了航天航空的发展。飞机虽然最初应用于军事,但后来在交通、农业、工业的运用也非常广泛。1903年自莱特兄弟第一架飞机试飞之后,飞机机身材料迭代不断更新,真所谓"一代材料,一代飞机"。起初飞机以木质结构为主流,木质结构的飞机易腐蚀,强度、刚度不足,飞行速度慢。全金属(铝合金)架构的飞机应运而生,不仅大大提高了飞机的飞行性能,同时也解决了木质结构易腐蚀,强度、刚度不足等缺点。现代飞机机体结构对材料的选取具有明确要求:既要保证飞机飞行时的安全,又要尽可能减轻飞机重量。用于飞机的材料,除了要考虑材料的基本性能指标外,通常还要考虑材料的比强度、比刚度以及损伤容限、耐久性水平。飞机对金属性能的这些要求,往往推动了科学技术的飞速发展,尤其是冶金技术。例如飞机飞行速度要达到音速或超音速,那么必须解决金属材料的"热障"问题。在飞机飞行速度达到音速或超音速时,飞机机身表面因为与空气激烈摩擦产生高温使铝合金材料变形,所以人们需要找到新的合金来替代。20世纪60年代,耐腐蚀、耐疲劳、耐高温的钛合金材料替代铝合金用于飞机上,但是金属钛含量有限,冶炼、加工成本很高,钛合金只能用于发动机和暴露的高温机身部分。随着化学技术、材料科学的不断创新,我国航天科技飞速发展,复合材料日新月异,碳纤维、环氧树脂、聚酰亚胺为主体的复合材料体系已然成型。

【思考与讨论】

1.查阅资料,说说为什么有"一代材料,一代飞机"的说法?

2.什么是合金? 合金有哪些特性?

三、新能源为人类走进太空提供保证

由于燃气轮机技术已然成熟,于是制造出涡轮喷气发动机。由于飞机需要在一万多米高空快速飞行,发动机需要适应高空缺氧、气温、气压较低的恶劣环境,这就要求喷气燃料清澈、不含悬浮杂质和水分,同时还要有较好的低温性、安定性、蒸发性、润滑性以及无腐蚀性,不易起静电和着火危险性小等特点。随着化学工艺技术的发展,精密分馏乃至超精密分馏技术的进步,还有对各类烃性质的掌握程度加深,利用精准的配比可以提高燃料的性能,以满足飞机在恶劣环境下安全、充分燃烧,为飞机飞行提供强有力的动力。

【思考与讨论】

什么是分馏?

人类对天空的征服不仅仅只满足飞机这种飞行工具了。随着科学视野不断扩展,人类渴求挖掘更多大自然的奥秘,需要收集大自然更多、更广泛的数据。人造卫星可以代替人类去完成这些任务,人造卫星为人类提供的天气、通信、位置等很多有价值的信息,使人类生产、生活发生深刻的变化,也使人类真正步入智能的"文明时代"。然而人造卫星上天同步首先要解决的是动力问题,是谁让它摆脱地球引力而到达预定轨道进行同步飞行呢? 当然是火箭,火箭是航天航空的运载工具,其推进剂燃料是航天科学家不断研究的重要课题,下面就火箭燃料做一些简单介绍。

1.液态燃料

二战期间,冯·布劳恩研发了V2火箭,至此现代火箭诞生。V2火箭采用乙醇(酒精)与液态氧作为燃料,可是,酒精热值仅仅有5450千卡/公斤,而液氢的热值则高达40200千卡/公斤,超出酒精热值近七倍。这注定了酒精不适合作为火箭燃料。现在常用的发射卫星(飞船)的火箭燃料要体积小,重量轻,但反应放出的热量要大,这样才能减轻火箭的重量,有利于卫星(飞船)快速到达预定轨道。由于液体或固体燃料放出的能量大,产生的推力也大,而且这类燃料比较容易控制,燃烧时间较长,因此,发射卫星或飞船的火箭大都采用液态或固体燃料。

(1)液态肼类燃料:偏二甲肼作为还原剂、四氧化二氮作为氧化剂的火箭推进剂,是我国的长征系列火箭常用的火箭推进剂。1968年2月,由李俊贤主持研制的高性能化学推进剂——偏二甲肼就诞生了,生产工艺和产品质量都达到世界先进水平。偏二甲肼是一种高比冲值的液态火箭燃料,与氧化剂(四氧化二氮)接触就自动着火,而且可以在常温下保存和使用。现在其产量有所下降,主要原因是因为其有剧毒,致癌,对水体产生污染。偏二甲肼污水处理技术存在能耗高、安全系数低、二次污染种类多、毒性大等缺点。习近平总书记提倡"绿水青山就是金山银山",在这种绿色环保的理念下,我们必须寻找其他没有污染的燃料。

(2)液氢燃料:理论计算液氢是理想的液态燃料,作为除核燃料之外热值最高的燃料,理应在火箭燃料中占有一席之地。液氢与液氧组成的双组元低温液体推进剂产生的能量极高,已广泛用于发射通信卫星、宇宙飞船和航天飞机等运载火箭中。液氢还能与液氟组成高能推进剂。液氢作为火箭推进剂具有以下优点:氢是宇宙中最丰富的元素,在地球上的储量非常高,几乎是取之不尽、用之不竭的。氢是可再生的,当氢元素与氧元素发生化合反应放出大量热量的同时,其产物为水(H_2O),水是作为可以制备氢气的化合物,这样就可循环利用了。氢气的燃烧产物对自然界没有污染,与矿物燃料不同,氢气的燃烧不产生任何对环境有害的污染物。氢气与烃类燃料相比,其重量更轻,产生的能量却更多。虽然液氢是人类非常理想的能源,但是批量生产成本比较高,而且氢气沸点低,液化温度低,加注时缓慢费时,同时液氢的储运一直是巨大的难题。

2.航天煤油

航天煤油也是火箭液态燃料的一个选择,碳氢燃料的效率较高,密度更高。原始的煤油会分解和聚合。因为煤油是混合物,小分子的成分容易汽化产生气泡,相对分子质量大的成分容易产生沉积物,燃烧也容易产生积碳,沉积在发动机上,并阻塞狭窄的冷却通道,使得燃烧室的温度提高,这样又容易导致煤油的分解、碳化结焦。如此恶性循环,发动机的寿命会大大缩短。于是化学家造出来能抗热不分解的碳氢燃料,也就是航天煤油。航天煤油是不同馏分的烃类化合物(石油分馏的产品)组成,与普通煤油的区别不能单从化学成分看,而是看一些指标:热值、密度、低温性能、馏程范围、黏度。其中馏程范围会影响发动机的启动性能和燃烧性能,同时馏程范围与煤油密度、低温性能有直接关系;航空煤油黏度会影响发动机喷油嘴的工作情况和燃烧的质量。黏度太大的话,喷出的油滴大,燃烧不充分,降低了发动机的动力;黏度太小,喷出油雾角度大,会造成内部过热。总之航空煤油具有很多优点:密度适宜、热值高、燃烧性能好;能迅速、稳定、连续、完全燃烧,且燃烧区域小,积碳少,不易碳化结焦;低温流动性能比较好,能满足寒冷低温地区及高空飞行时油品流动性能的要求;热安定性和抗氧化安定性好;洁净度高,没有水分、机械杂质及硫的含量低,对机体腐蚀很小。现代航空煤油有很多品种:JET系列、JETA系列、JP系列,有兴趣的同学可以去查阅更多课外资料作深入了解。

3.固体燃料

固体火箭发动机是为使用固体燃料推进剂的化学火箭发动机。硼氢化钠、二聚酸二异氰酸酯、二茂铁及其衍生物等都可用作复合固体火箭燃料。很多密度小的金属或非金属,如锂、铍、镁、铝、硼等,单位质量完全燃烧放出的热量很大,甚至超过一些液态燃料,所以它们可以作为固态燃料用于火箭。哥伦比亚号航天飞机曾用铝粉和高氯酸铵作为火箭的复合固体推进剂,同学们可以想想其工作时的化学反应原理。学过化学的同学都应该知道,高氯酸铵受热很容易分解,分解生成的产物全部是气体(包括氮气、氯气、水蒸气、氧气),不容易造成固体沉积物而堵塞排烟道,因而产生巨大的推动力。固体火箭发动机与液体火箭发动机相比较,具有结构简单,推进剂密度大,在储存、燃烧、常备待用和操纵方面都具有简单、方便、安全可靠等优点,适用于军事用途。然而有些固体燃料在地球中含量低、制备工艺昂贵,而且燃烧易产生烟、氧化物沉积等燃烧技术问题,所以目前液体火箭推进剂是航天发射的主流。

现代计算机模拟可以制备 N_{60} 分子,这种分子在受热的情况下生产 N_2,经计算分解时释放的热量而产生的动力会比目前火箭中使用的液态燃料高出十分之一。也有人计算出氢原子结合成氢分子所释放出的能量,可使火箭发动机产生超过1300的比冲量。由此可见,氢原子这种燃料将比现在我们所用的任何一种燃料都好。但是,氢气存储都很困难,氢原子的存储难上加难。就是再难,我们也相信人类的智慧可以战胜一切困难,让人类飞到蓝天就像回家那样容易。

【思考与讨论】

1. 查阅资料,写出最简单的肼类化合物的结构式,并写出它与四氧化二氮完全反应的热化学方程式。

2. 为什么液氢是人类理想能源?

四、延伸阅读:热气球、飞艇、飞机的发展纪实

图3-3　第一个现代意义上的直升机VS-300

1783年,法国人蒙哥尔费兄弟成功制成了可以载人的热气球,同年,罗奇埃乘坐这个热气球在凡尔赛宫上空飞行了25分钟,人类真正开始了"空中时代"。

1785年,法国人布朗夏尔成功乘坐热气球飞跃英吉利海峡,引起巨大轰动。18世纪末,热气球开始得到普遍应用。

1852年,法国人基法尔制成了具有螺旋桨和方向舵的飞艇,飞艇的出现克服了热气球诸多弊端,人类开始从事可控飞行。1900年,德国的齐柏林制成了可靠性更高的飞艇,并于1910年开辟了首个空中航线。

19世纪初,英国人凯利受"竹蜻蜓"的启发提出了翼面的概念,人类开始了对固定翼的研究。相应的空气动力学成果,为飞机的发明奠定了坚实的基础。1849年,凯利制成了第一个载人飞行的滑翔机。

1903年,莱特兄弟等人在滑翔机的基础上制成了"飞行者"号飞机,并完成了人类历史上第一次持续的动力飞行。随后的第一次世界大战,推进飞机开始进入普遍应用。

图3-4 莱特兄弟试飞成功

1906年,俄国人儒柯夫斯基提出了升力理论,人类开始进入系统化的航空研究,飞行事业因此而获得极大促进。

1909年,中国航空先驱冯如成立"广东飞行器公司",开启了中国制造和使用飞机的历史。

1939年,俄裔美国人西科斯基制成了第一个现代意义上的直升机VS-300,10秒钟的悬停,让可控的全方位飞行成为现实。

1947年,美国人耶格尔驾驶"贝尔X-1"型飞机,第一次超过了音速,人类的飞行开始突破"音障"。

第二次世界大战之后,各国推出了大量新兴飞机、直升机,飞行器开始进入快速和精细发展阶段。

1954年,新中国第一架国产飞机首飞成功,1958年,新中国第一架国产直升机首飞成功。

五、空间站航天员工作和生活离不开化学

【导言】

北京时间2021年10月16日0时23分,搭载神舟十三号载人飞船的长征二号F遥十三运载火箭点火发射,约582秒后,神舟十三号与火箭成功分离,进入预定轨道,顺利将翟志刚、王亚平、叶光富3名航天员送入中国空间站,发射取得圆满成功。"太空出差三人组"在出差6个月后,于2022年4月16日乘返回舱成功着陆地球,飞行任务取得圆满成功。在长达6个月的太空生活中,航天员除完成多项实验任务,还要进一步验证航天员在轨驻留6个月的健康、生活和工作保障技术。

【思考与讨论】

1.航天员在空间站中如何获得充足的氧气和水?
2.空间站的运行需要巨大的电能,这些电能是如何获取的?

【学习目标】

1.了解空间站生活舱中氧气、水和二氧化碳的循环和利用。
2.知道维护空间运行的电力来源。

图3-5　神舟十三号发射成功

3位航天员在空间站生活和工作了6个月,同学们肯定很好奇3位航天员在太空站是如何生活的,他们的氧气、水,以及食物是如何获取的?维持太空站运行的能源又来自于哪里?现在我们就来一起讨论一下以上问题。

1.空间站生活舱中氧气、水和二氧化碳的循环和利用

空间站具备一定试验和生产条件、可供航天员生活和工作的长期在轨运行的航天器。空间站内的物资,主要靠"天舟系列"货运飞船提供,例如

食物、衣服、科研仪器等。当然，氧气也可以从地球运到太空，不过所占的空间过大，运输成本太过高昂。并且，氧气罐在运输的过程中不安全，如果发生意外情况，后果不堪设想。所以，空间站中的氧气，并不是从地球运输上去的，比较便捷的方式就是在空间站当中制备氧气，而制备氧气最常见的方法就是电解水，电解水之后会分解成氢气和氧气，这时氧气就可以供航天员呼吸。如果选择其他的制氧方式，会衍生出诸多麻烦，相应的成本也会大幅增加。例如，如果带植物到空间站，首先是运输成本会增加，其次植物制造出来的氧气太少，根本无法满足航天员的需求。所以，电解水是最适合空间站的制氧方式。每人每天需要550升的氧气，而每电解一升水可以制备约620升氧气，也就说电解一升水就可以提供一个航天员一天的氧气量，剩余的水可以储存起来供航天员急需。航天员呼吸之后会产生二氧化碳，二氧化碳和水分解生成的氢气再发生反应，生成甲烷和水，甲烷可以排出，也可以作为推进剂，水经过净化处理之后，也可以供航天员饮用。航天员除了呼吸产生二氧化碳外，身体还会排出水汽，还有尿液，航天员们呼出的水蒸气和活动产生汗水飘散在空间中，而在地板下的冷凝器负责收集这些水蒸气，然后转化成液态水。并且收集尿液后，去除其中的钙离子再和水汽一起再经过净化成为产品水。这部分水处理后会比地球上喝的水都要干净，这些水一部分给航天员饮用，一部分用来电解制备氧气，这样就都循环利用起来了，简直是完美。所以可以看出，航天员在空间站生活产生的废水等，都会被二次利用。通过这一循环系统，大大减轻了地面向空间站供应物资的压力，有利于节省成本与开支。由此可见，航天员在空间站生活工作，看起来非常的风光，但背后承受着普通人难以承受的东西，这需要有坚强的毅力支撑，并不是每个人都能够接受的，这些航天员的毅力值得同学们学习。

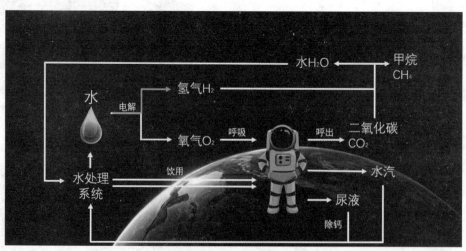

图3-6 空间站生活舱中氧气、水和二氧化碳的循环和利用

当然空间站中水也有一部分是通过货运飞船送上去的，这些水会被装成一个个的水

包,每个水包都有20升的水,也就说一个水包的水就够22天氧气的供应,不过这些水包并不是完全用来电解生成氧气的,毕竟在空间站生活需要用水的地方很多。

图3-7 便捷折叠水包

2. 空间站中电力的来源

空间站的运行背后必须需要大量的电力做支撑,这些电又来自于哪里呢?

一般来说,载人飞船可以采用太阳能发电、核能发电、燃料电池和蓄电池等方式供电。具体的选择受多重因素影响,比如载人航天器的用电功率大小、在太空停留时间的长短等。

以神舟十二号飞船为例,它采用了"太阳能发电加电储能"的形式。同时太阳能发电也为空间站提供了能量来源。工程师们巧妙地运用了太阳能,通过可折叠的太阳能帆板收集太阳能转换为电能。为了使能量最大化,这些帆板还可以转动,改变方向不断地指向太阳,它们可以产生大量的电力,完全可以满足空间站上能量需求。而太空电站要提供源源不断的能量,就看光电的转化率。我国科学家在太阳能电池翼上进行了创新,仅用国际空间站一半面积的电池就超过了国际空间站的总供电量,将光电转化率从持续多年的14%迅速提升至30%,这是因为科学家们采用了柔化的薄膜电池,不仅非常薄,还不会受太空的环境影响,克服了一直困扰人们的太空光电转化率低的困难,让太阳能板更有效率地发电。

如神舟十二号飞船的电力系统主要由太阳电池翼和储能电池两部分构成。在光照区,太阳电池翼将太阳能转化为电能,供整个舱体使用,同时为锂离子蓄电池储存能量。据估算,位于太空中的太阳能电池板所接受的太阳光强度为地球表面的1.4倍。同时,空间太阳能电站可以摆脱昼夜和天气影响,实现24小时不间断供电。在阴影区,则由蓄电池为整舱供电。

空间站长期在轨稳定运行,航天员长期驻留,站内安全是最关键的问题。在空间站运行到太阳无法照射的阴影区时,锂离子蓄电池负责为整个舱体供电。电池的安全性如何保证?

研制人员经过长期攻关,找到了解决办法。他们设计出了一种满足空间站运行需求的长寿命大容量高安全锂离子蓄电池。该电池采用陶瓷隔膜,具备良好的防内短路效果,同时在电池组内使用阻燃材料,防止电池高温引发燃烧。

据悉,空间站核心舱共有6组锂离子蓄电池,每组有66个单体电池。研制人员还设计出了一套智能化的锂电管理系统,实现高精度、高可靠、高安全的锂电充电控制。电池充电时启用三级保护机制,并实施温度监测,当充电温度高于设定安全温度值时,立即停止对该蓄电池充电。

空间站在长达10年以上的在轨运行过程中,航天员需定期对锂电进行在轨更换。如何在不影响空间站的正常供电情况下确保航天员的操作安全? 研制人员为锂电更换操作上了"双保险"。核心舱有两个功率通道,当其中一个通道需要更换电池时,由另一个通道作为主力供电。每个功率通道中,任意一个机组中电池需要更换时,本机组断电,剩余两个机组可以保证本通道正常供电。

可以看出我国航空航天事业的发展是迅猛而高效的,这离不开一群有智慧又有毅力的研究人员,他们的精神值得我们学习,这样的航天精神需要我们去延续。

第二节　在航天领域开展的化学研究——微重力燃烧

【导言】

图3-8　不同重力下蜡烛火焰形状

人类对"火"的态度是复杂的。人类祖先从雷电引起的大火中保留下火种,利用"火"从中获取热量来抵御严寒,利用"火"烤炙食物,使人类能更好地消化蛋白质。利用火、控制火,每个阶段对人类的发展史都有着极其重要的作用。

"火"同时也给人类带来了深深的恐惧。一场森林大火对人类祖先而言,可能就是一场巨大的灾难。甚至对于现在的人类而言,意外失火仍然意味着生命财产的巨大损失。人类在使用载人航天器进行宇宙探索时,确保飞行任务完成的重要工作之一就是要考虑防火安全问题,因此研究太空中微重力情况下的燃烧现象就有着至关重要的意义,现在我们就一起走进微重力燃烧。

【思考与讨论】

1.你们知道微重力下燃烧与地球上的燃烧有什么异同吗?

2.蜡烛能在微重力情况下燃烧吗?

【学习目标】

1.说出微重力燃烧的原理、现象。

2.理解蜡烛在正常重力环境和微重力环境下燃烧的区别。

3.了解微重力燃烧的进展。

4.了解我国在微重力燃烧方面的杰出贡献。

一、微重力燃烧的概念

1.燃烧

很早以前,人类就提出了"燃素说"来解释燃烧现象,这标志着人类文明进入了近代化学的领域。然而直至今天,我们对燃烧的认知还是很肤浅,对燃烧本质的认知程度远低于我们对燃烧的利用。

我们都知道燃烧是可燃物和氧化剂发生的剧烈的、发光放热的氧化还原反应。很多物质的燃烧可以形成火焰。火焰究竟是什么呢? 我们以蜡烛燃烧为例,走进火焰。

化学反应一定伴随着物质和能量的变化。燃烧是一类典型的放热反应,所释放的能量可以使反应物熔化、气化,甚至断裂为小的分子片段或原子,这些微粒分散在空气中反应释放出光子,形成"光点",这些小光点汇聚在一起就是火焰。比如蜡烛的熔点较低,加热时石蜡先熔化为液体再蒸发成石蜡蒸气。气态的石蜡蒸气燃烧,也就产生了黄色火焰。

蜡烛燃烧是黄色火焰,那么火焰的颜色又和什么相关呢? 接下来的这段话涉及的名词对刚步入高中的同学有一定难度,但没有关系,随着高中知识面的扩宽,我们很快就可以更深入的理解这些知识!

物质燃烧时放出的热量,不仅使物质熔化、气化,还能使构成物质的原子得到能量,让原子中的电子从基态跃迁到激发态。但是能量越高,电子越不稳定,处于较高能级的激发态的电子会跃迁到较低能级的激发态,甚至再次回到基态,这个过程中所释放出来的能量会以光的形式表达出来,光的波长不同,颜色也就不同了。其实,不同的物质燃烧火焰颜色可能不同,同一物质在不同条件下燃烧时火焰也有所不同,比如在初中时我们学习了硫单质在纯氧中燃烧是明亮的蓝紫色火焰,在空气中燃烧是微弱的淡蓝色火焰。

【思考与讨论】

蜡烛在微重力环境下燃烧,火焰的形状、颜色是否会和在正常重力环境下有所不同呢?

2.微重力燃烧

"微重力"是指在一种特殊的受力环境下,我们可以理解为失重状态。"微重力燃烧"指可燃物在微重力环境下的燃烧。此时的燃烧会有什么不同吗?

我们知道由于地球引力的存在,地球上的所有物质都会受到重力的影响,当然也包含空气。在正常的重力环境下的燃烧,冷热空气可以对流,热空气带走燃烧的产物,冷空气可以提供新鲜的氧气,这样可燃物就持续燃烧起来。同时由于这种自然对流作用,热空气逸走,冷空气从周围补充进来,火焰的形状也和对流有一定关系。

在20世纪80年代,人们认为在微重力环境下,气体受到的重力很小,所以可燃物和氧气接触后,很快周围的氧气就消耗完了。因为没有对流,不能及时给可燃物补充氧气,所以燃烧很快就停止了。可事实真的如此吗?1987年,和平号空间站发生了一起失火事件,燃烧的火焰并没有自动熄灭,于是航天员们只能开始灭火。

这是为什么呢?

在微重力环境下的燃烧,虽然没有了自然对流作用,但气体会在扩散机制的作用下,由高浓度的地方扩散到低浓度的地方,氧气也会不断地从浓度高的地方扩散到浓度低的地方,所以可燃物还是可以燃烧的。只是,可燃物在微重力环境下的燃烧又和正常重力环境下的燃烧有很大区别。接下来我们以蜡烛为例,进行学习。

二、微重力燃烧的研究

提到微重力环境,我们的第一反应肯定是太空。空间站、飞船等航空器的确都提供了很好的微重力环境。比如我国的天和核心舱就搭载了4个科研机柜,给科学家的微重力实验提供了绝佳的平台。我国实践十号科学卫星内也搭载了实验装置用于研究微重力环境中固体材料的燃烧特性。2023年2月,中国空间站梦天实验舱燃料科学实验柜已成功执行首次在轨点火测试。

图 3-9　天和舱（内部视角）

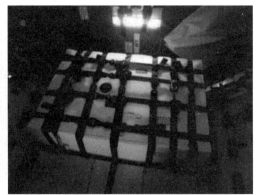

图 3-10　实践十号燃烧材料

在空间站做实验的门槛和费用是很高的,在地面上我们能营造出微重力环境吗? 你能想到哪些办法呢?

自由落体运动是在地球上获得微重力环境的一种主要方法。科学家通过建设一些设施,让实验容器在这些设施中做自由落体运动,这样实验容器内部的环境对于容器内进行的实验就是微重力环境,容器内再放置一个摄像头,就可以将实验过程记录下来供科学家分析。这些设施大致可以分为落塔和落管,这种方式相对于空间站而言是比较经济、方便的,也很适合进行蜡烛微重力燃烧实验,但是也存在较为明显的弊端,比如微重力环境持续的时间较短,不能进行长期的实验观察。

接下来我们就来了解三个有趣的微重力燃烧实验。

1.蜡烛的微重力燃烧

现在我们回到第一部分给大家提出的问题:微重力环境下,蜡烛燃烧的形状、颜色会有不同吗?

2023年9月,天宫课堂第四讲在中国空间站梦天实验舱开讲。神舟十六号航天员朱杨柱、桂海潮现场演示了蜡烛燃烧,现象如图 3-11。在微重力环境下,蜡烛火焰为球形,并且不管怎么摆放蜡烛,火焰都是球形。

这是为什么呢? 在正常重力环境下,由于燃烧导致的冷热空气自然对流会使火焰为长条形的泪滴状。在微重力环境下,蜡烛燃烧主要依靠扩散机制,即空气由浓度高的地方扩散到浓度低的地方,这种趋势在各个方向上都几乎相同,所以火焰近似球形。

图3-11　蜡烛在中国空间站梦天实验舱内燃烧

2. 冷火焰

2012年,科学家在空间站上利用"火焰熄灭实验装置"进行了火焰熄灭实验。他们使用的燃料是液态庚烷,这是一种易燃液体。

科学家点燃了直径较大的庚烷液滴,火焰持续了一会儿就熄灭了,但是科学家却发现庚烷液滴还在持续地快速汽化,直到某一时刻汽化又突然停止。这是人类首次观察到的一种独特的燃烧现象,用传统的液滴燃烧理论是解释不了的。其实就是庚烷液滴在肉眼可见的火焰熄灭后,还在以看不见的火焰形式继续燃烧。这种看不见的火焰也是一种火焰,其温度比蜡烛火焰低了2.5倍,大概在227℃到527℃之间,因而被称为"冷火焰"。冷火焰出现的时间很短,这一发现促进了燃烧研究中一个新兴的、迅速发展的领域。

为了深入了解冷扩散火焰的本质,国际空间站又进行了一些实验,目的是再次产生冷火焰,且是可控的、能够安稳运行的、能持续较长时间的冷火焰。美国航天员们在2021年6月23日完成了这一壮举,他们测试了多种气体燃料,在热火焰熄灭并从相机视野中消失后,热量仍在产生。冰冷的火焰非常暗淡,摄像机一开始什么也没发现,之后航天员们使用了增强摄像机,这是第一次在受控实验中发现冷火焰结构。美国宇航局航天员们表示:"这一发现改变了我们对火的性质和作用的理解。如果我们能够理解和模拟它们的工作原理,那么我们就有可能利用冷火焰来设计一种新型的清洁内燃机。"

3. 太空"纵火"

纵火是犯罪,那科学家们为什么还要去太空"纵火"呢?我们都知道航天器失火的后果很可怕,科学家也进行了很多研究,包括上述的蜡烛燃烧、冷火焰等研究。但是上述研究出于安全考虑,实验的规模都比较小,都只是"燃烧实验"而不是"火灾实验"。为了加深对大型航天器失火的认知,在太空"纵火"就有其现实意义。

NASA科学家进行了相关的科学研究。天鹅座飞船是一次性不载人飞船,其在返回地球进入大气层的过程中本来就会烧毁,所以将其作为太空"纵火"的对象也不存在浪费的问题。科学家将在天鹅座飞船脱离空间站进入大气层之前进行实验,这样既在微重力环境下,又不会威胁空间站的安全。

　　天鹅座飞船失火实验在天鹅座5号、6号、7号飞船一共进行了三次。第一次实验在2016年进行,燃烧对象是长1米、宽0.4米的棉花与玻璃纤维混合物,要知道以前人们燃烧实验对象的长宽都不超过10厘米。第二次火灾实验也在2016年进行,燃烧对象是空间站常用的材料,如宇航服的布料、树脂玻璃等9种不同材料。第三次实验在2017年进行,燃烧对象是长1米、宽1.4米的面板,此次实验中氧气水平最大程度模拟了国际空间站的氧气水平,燃烧过程持续了20分钟,传回了很多珍贵数据。

　　2016年我国的实践十号卫星上也进行了相关研究——"微重力下导线绝缘层着火实验"。科学家选择了一些生活及航天器中常见的绝缘材料,通过导线电流过载发热引燃导线绝缘层。我国科学家发现,在微重力环境下,绝缘体层散热比地面更严重,温度升高更加明显,也有明显的烟气。这些绝缘材料在微重力环境下更容易失火。

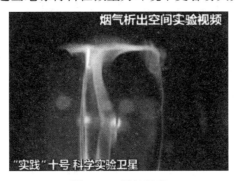

图3-12　烟气析出

三、微重力燃烧的发展

　　微重力燃烧研究起步较晚,最早的相关研究是1956年日本东京大学在自由落体设施中进行的液滴燃烧实验。当时,美国也在利用飞机或者落塔营造的微重力环境开展了一些蜡烛燃烧实验、固体燃烧实验。此时这个研究方向不是科学家的重点研究内容。

　　1967年,阿波罗飞船的太空舱突发大火,导致三位航天员牺牲,这次事故不仅震惊全美,更使得太空火灾、微重力燃烧得到了足够的重视,人们开始意识到微重力燃烧对航天器防火安全的重要意义。

　　1973年,NASA组织多国研究团队对空间微重力条件下燃烧实验的科学问题和研究方向进行了深入讨论,并全面评估了研究工作的科学价值。

　　1974年,美国在太空实验室上完成了首次空间燃烧实验。进入航天飞机时代,微重力燃烧仍然主要以基础科学问题和防火安全问题为主导,是美国微重力科学中一个活跃的研究领域,其研究重点主要是火焰传播和熄灭、点燃和自燃过程、阴燃和液滴燃烧等。

80年代中期之后,地基微重力燃烧研究逐步受到重视,实验设施得到发展,欧洲、日本、苏联的微重力燃烧研究也蓬勃发展起来,空间实验与地基研究相结合,推动研究成果大量增加。当前,除了落塔、失重飞机和探空火箭等地基设施,随着国际空间站的建成,美、欧、日等国均将在ISS上的微重力流体物理与燃烧实验作为重点开展了大量研究,已经获得丰富的实验结果。美国和日本更是规划出了详细的发展蓝图,在航天器防火安全和燃烧科学基础问题两个方面计划开展大量的研究工作。

我国的微重力燃烧研究从20世纪90年代开始起步,相继开展了微重力下蜡烛火焰、粉尘燃烧机制、阴燃及其向明火演变规律、固体表面火焰传播、可燃极限附近预混火焰特性等科研项目,取得一批重要成果,实现了对国际上主要研究方向的跟踪,同时还开展了大量的地面实验模拟方法研究。

近年来,我国微重力燃烧研究呈现出良好的发展势头。

2006年,利用实践八号卫星成功完成的两项实验,是我国第一批空间燃烧实验,该实验分别对21%和35%氧气浓度条件下的多孔材料阴燃点火和发展过程进行了测量,其中等压条件下的阴燃过程、双向阴燃过程和高氧气浓度气流条件下的阴燃过程均为首次研究。2012年底,中国科学院空间科学战略性先导专项实践十号返回式科学实验卫星工程正立项启动,这是我国首颗微重力科学实验卫星。

2016年4月6日凌晨,我国的实践十号卫星在酒泉卫星发射中心由长征二号丁运载火箭发射升空。实践十号卫星上进行了19项科学实验,包括了煤的燃烧、非金属材料燃烧。煤燃烧实验可以研究在微重力条件下煤粒群着火、挥发份的析出与焦炭燃烧及其燃尽等燃烧特性,研究煤粒群浓度、颗粒形状变化和煤种对煤粒群着火及其燃烧特性的影响。通过对生成污染物的检测研究污染物质的生成机制和规律。

2022年发射的梦天、问天两个实验舱,据报道也搭载了与微重力燃烧相关的实验装置。我国航天员、科学家已经在两个实验舱中进行科学研究,并面向中小学学生开展了天宫课堂等一系列活动。

四、研究微重力燃烧的意义

1967年,阿波罗1号飞船失火导致三名航天员丧生。

1970年,阿波罗13号飞船在进入月球轨道时,氧气槽爆炸,航天员死里逃生才返回地球。

1997年,和平号空间站的氧气罐曾喷出火焰,阻碍了航天员的紧急通道,这次失火没有造成人员伤亡,但留下了许多太空垃圾。

上述太空失火事件的惨痛经历还历历在目,航天器安全是需要我们高度重视的一个研究领域,防火研究,就是其中一个重要内容。

正常重力和微重力环境下,火焰的形状、温度、颜色、传播都有很大区别。所以在正常重力环境下我们所掌握的一些消防灭火手段不一定适用。比如,航天器内部失火,用水去浇灭就很不现实,一方面在微重力条件下水不会自然流下,另一方面水会破坏航天器内的操作控制系统。再比如,若航天器内出现了冷火焰,肉眼难以观察到,这也是一个潜在的危险。好在微重力环境下的燃烧速率一般都比较小,火焰不会很快扩散,这给我们的救火留够了时间。

总之,研究微重力燃烧,了解不同可燃性物质在微重力环境下燃烧的特点,知道其燃烧机理,进而找出防止航天器失火办法、灭火的办法就是目前微重力燃烧研究最主要的意义。

当然微重力燃烧的研究也有助于我们了解燃烧现象的本质,可以在没有重力干扰的情况下进一步研究燃烧的各项参数,建立更为准确、更为本质的燃烧模型。对事物本质的研究是无穷无尽的,也正是因为人类对各种现象追其根本的探索精神,科学的发展才得以推动。

微重力燃烧领域的冷火焰研究、煤的燃烧,也可以帮助我们设计更加清洁的内燃机,帮助我们更加环保的利用煤炭资源。这也契合当今的绿色化学理念。

【练习与应用】

1.“燃烧三要素是可燃物、助燃物、温度达到着火点,所以燃烧一定需要氧气参与。”这句话正确吗? 如果不正确,请阅读化学课本,举出实例。

2.实践十号卫星进行了微重力环境下的煤燃烧实验。煤的主要组成元素是哪些呢? 煤的主要用途有哪些呢? 试着翻阅化学课本,认识煤的干馏、煤的液化、煤的气化等。

3.观看梦天实验舱、问天实验舱的发射视频或查阅资料,调查我国空间站内进行的微重力燃烧实验的最新进度,并以文字的形式呈现。

参考文献

[1]唐承革,沈羡云.重力与火焰[J].航空知识,2006(10):67.

[2]沈羡云.太空“纵火记”[J].百科知识,2018(13):23-25.

[3]张璐,刘迎春.空间站微重力燃烧研究现状与展望[J].载人航天,2015,21(6):603-610.

第三节　高中化学学业水平考试中的航天知识

【导言】

中国自1999年11月20日起陆续发射了"神舟"系列号飞船,2003年10月15日发射的神舟五号、2005年10月12日发射的神舟六号、2016年10月17日发射的神舟十一号以及2021年10月16日发射的神舟十三号的推进火箭均使用近450吨的偏二甲肼液体作燃料,航天器(火箭)靠燃料作动力上天,航天员在太空中生活的环境和生命保障系统都需要利用化学知识去解决,航天与化学是息息相关的,离开了化学,航天便是幻想! 科学技术离不开化学,未来美好的生活也离不开化学。近年来,以航天为背景的命题时有显现,这类试题富有时代感,缩短了教学内容与高科技距离,符合"高起点、低落点"的命题思想,而且可培养同学们的科学精神。

一、聚焦航天的动力——燃料

航空燃料的发展经历了漫长的历史过程,在同一时期还存在着各种不同种类和型号的燃料体系,但是归结起来每一次航空发动机的历史变革都会带来航空燃料的迅猛发展和革新,航空柴油动力源、航空汽油动力源、喷气燃料动力源、高密度碳氢燃料、生物燃料或太阳能动力源都是一步步发展起来的,也就是说航空燃料的发展史是由航空发动机的发展衍生而来的。

1. 偏二甲基肼

1968年2月,由李俊贤主持研制的高性能化学推进剂——偏二甲基肼诞生了,风雨几十载,李俊贤对航天梦的探求从未停息,直到如今,神舟五号和神舟六号载人航天飞船使用的仍然是他研制的推进剂。他时常讲一句话:"科研来不得半点马虎,科研来不得半点的虚伪。"他的作风和精神,感染了几代中国航天人。

【例1】 神舟五号、神舟六号载人飞船推进剂为偏二甲基肼。

(1)发射神舟号的火箭用的是长征二号(F)型火箭,该火箭的燃料是偏二甲基肼($C_2H_8N_2$),氧化剂是四氧化二氮,发生的反应可写作:$C_2H_8N_2 + 2N_2O_4 \xrightarrow{\text{点燃}} 3X\uparrow + 2CO_2\uparrow + 4H_2O\uparrow$,则X的化学式为＿＿＿＿。

(2)火箭发射时总会有大团的红棕色烟雾,这是氧化剂贮箱的安全溢出阀门释放掉的气态四氧化二氮造成的。纯净的四氧化二氮是无色的,但它很容易转化为红棕色的二氧化氮。此转化的化学方程式为(反应物和生成物各为一种)＿＿＿＿。

答案 ①N_2。②由题干知,反应物是四氧化二氮,生成物是二氧化氮,故反应的化学方

程式是 $N_2O_4 \rightleftharpoons 2NO_2$。

2.固体燃料

固体燃料大都含有碳或碳氢化合物。天然的固体燃料有木材、泥煤、褐煤、烟煤、无烟煤、油页岩等。经过加工而成的木炭、焦炭、煤砖、煤球也都是固体燃料。固体燃料还有一些特殊品种,如固体酒精、固体火箭燃料。

【例2】 未来新型固体火箭燃料之一——含固体石蜡的燃料。它具有一系列重优点:燃烧产物(只有 CO_2 和 H_2O)无毒害、运输无须特殊安全设施、火箭添加燃料过程简单和燃烧强度比其他类型固体燃料高3倍。石蜡的主要成分为正二十二烷 $C_{22}H_{46}$ 和正二十八烷 $C_{28}H_{58}$,其中之一与 O_2 反应的化学方程式如下: $aC_{22}H_{46} + bO_2(充足) \xrightarrow{\text{点燃}} cH_2O + 44CO_2$

则 $b=$ _____。

答案　67

【查一查、做一做】

各种各样的燃料在航天领域被人类广泛使用,请利用图书馆或网络查找相关资料,对航天所用燃料进行分类,并归纳各种燃料的优缺点,讨论燃料使用对环境的影响。

二、聚焦航天设备的保障系统——材料

航空材料是制造飞机(包括飞行器)、航空发动机及其附件、仪表及随机设备等所用材料的总称,通常包括金属材料(结构钢、不锈钢、高温合金、有色金属及合金等)、有机高分子材料(橡胶、塑料、透明材料、涂料等)和复合材料。

1.钛合金

钛合金其密度一般在 $4.51 \ g/cm^3$ 左右,抗腐蚀性能好、热强度和力学强度高、导热弹性小。抗弯强度(1646 MPa)比超硬铝合金(588 MPa)、高强度镁合金(343 MPa)、高强度结构钢(1421 MPa)大。

【例3】 2019年10月16日神舟五号载人飞船在内蒙古成功着陆,返回舱内完好无损。飞船在重返大气层时,由于同空气的剧烈摩擦,船体的表面温度将急剧上升,因此飞船表面必须有良好的防高温措施。下列有关飞船的防高温措施中不可取的是(　　)。

A.使用陶瓷类的贴面覆盖船体,以防止高温侵入舱内

B.使用在一定条件下能熔化或汽化的表面覆盖材料

C.使用在一定条件下能与大气层中的氧气发生剧烈燃烧的表面覆盖材料

D.使用在一定条件下能发生分解反应的材料

解析　陶瓷类物质熔点高,化学性质稳定,是热的不良导体;在一定条件下能熔化或汽化的材料,熔化或汽化时能在物质表面形成一层气体膜,保护内层物体的温度不易升高;使

用能发生分解反应的材料,发生分解反应时需要吸收热量,使表面的温度不易升高;使用能与大气层中氧气发生剧烈燃烧的材料,剧烈燃烧会放出大量的热,使温度进一步升高。因此答案为C。

答案 C

【例4】 钛白粉被广泛用于制造高级白色油漆。工业上以钛铁矿(主要成分为FeTiO$_3$,杂质为Fe$_2$O$_3$、脉石)为原料制钛白粉(金红石晶型TiO$_2$)的主要工艺有硫酸法和氯化法两种。其工艺流程如下:

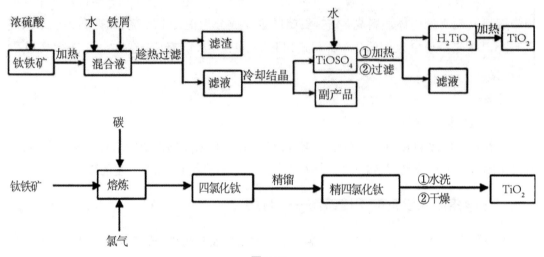

图3-13

(1)硫酸法工业流程中加入铁屑的目的是_____。

(2)上述流程中副产品是_____,滤渣的成分是_____。

(3)从TiOSO$_4$→H$_2$TiO$_3$需要加热,则加热的目的是_____。

(4)用浓硫酸处理钛铁矿,并将所得溶液稀释后加铁,此时0.5 L的溶液中含有2 molTiO^{2+}、4.75 molSO$_4^{2-}$、2.5 mol的一种未知阳离子和H$^+$。常温下,其溶液的pH=_____。

(5)氯化法中熔炼过程的反应为:

$$2FeTiO_3(s)+7Cl_2(g)+6C(s) \xrightleftharpoons{1173K} 2TiCl_4(l)+2FeCl_3(s)+6CO(g)$$

该反应是在1173K的温度下进行,你认为还应该控制的反应条件是_____。

(6)熔炼后分离出四氯化钛的方法是_____,熔炼后物质中含有Fe^{3+},那么Fe^{3+}检验的离子方程式为:_____。

答案 (1)将Fe^{3+}还原为Fe^{2+}　(2)FeSO$_4$·7H$_2$O(或FeSO$_4$),铁屑和脉石
(3)促进TiOSO$_4$的水解　(4)0　(5)隔绝空气　(6)过滤,Fe^{3+}+3SCN$^-$=Fe(SCN)$_3$

2. 铝合金

铝的密度很小(2.8 g/cm^3),铝合金具有高强度、良好的机械性能、易加工、抗腐蚀和抗

氧化等特点,曾在过去的几十年主要用于飞行器的外壳等非承力部件。

【例5】　铝是应用广泛的金属。以铝土矿(主要成分为Al_2O_3,含SiO_2和Fe_2O_3等杂质)为原料制备铝的一种工艺流程如下:

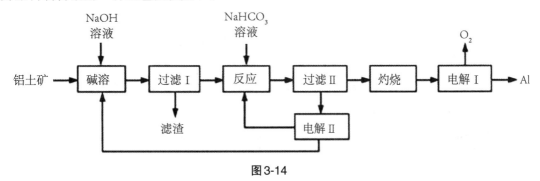

图3-14

注:SiO_2在"碱溶"时转化为铝硅酸钠沉淀。

(1)"碱溶"时生成四羟基合铝酸钠的离子方程式为_____。

(2)向"过滤Ⅰ"所得滤液中加入$NaHCO_3$溶液,溶液的pH_____。(填"增大""不变"或"减小")。

(3)"电解Ⅰ"是电解熔融Al_2O_3,电解过程中作阳极的石墨易消耗,原因是_____。

(4)"电解Ⅱ"是电解Na_2CO_3溶液,原理如图所示。阳极的电极反应式为_____,阴极产生的物质A的化学式为_____。

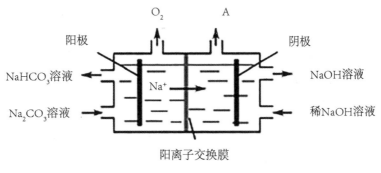

图3-15

(5)铝粉在1000 ℃时可与N_2反应制备AlN。在铝粉中添加少量NH_4Cl固体并充分混合,有利于AlN的制备,其主要原因是_____。

解析　以铝土矿(主要成分为Al_2O_3,含SiO_2和Fe_2O_3等杂质)为原料制备铝,由流程可知,加NaOH溶解时Fe_2O_3不反应,由信息可知SiO_2在"碱溶"时转化为铝硅酸钠沉淀,过滤得到的滤渣为Fe_2O_3、铝硅酸钠,碳酸氢钠与四羟基合铝酸钠反应生成$Al(OH)_3$,过滤Ⅱ得到$Al(OH)_3$,灼烧生成氧化铝,电解Ⅰ为电解氧化铝生成Al和氧气,电解Ⅱ为电解Na_2CO_3溶液,结合图可知,阳极上碳酸根离子失去电子生成碳酸氢根离子和氧气,阴极上氢离子得到电子生成氢气。

(1)"碱溶"时生成四羟基合铝酸钠的离子方程式为:$Al_2O_3 + 2OH^- + 3H_2O = 2[Al(OH)_4]^-$。

(2)向"过滤I"所得滤液中加入$NaHCO_3$溶液,与$Na[Al(OH)_4]^-$反应生成氢氧化铝沉淀和碳酸钠,可知溶液的pH减小,$NaHCO_3$中存在化学键有:离子键和共价键。

(3)"电解I"是电解熔融Al_2O_3,电解过程中作阳极的石墨易消耗,原因是石墨电极被阳极上产生的O_2氧化。

(4)由图可知,阳极反应为$4CO_3^{2-} + 2H_2O - 4e^- = 4HCO_3^- + O_2\uparrow$,阴极上氢离子得到电子生成氢气,则阴极产生的物质A的化学式为H_2。

(5)铝粉在1000℃时可与N_2反应制备AlN。在铝粉中添加少量NH_4Cl固体并充分混合,有利于AlN的制备,其主要原因是NH_4Cl分解产生的HCl能够破坏Al表面的Al_2O_3薄膜。

答案 (1)$Al_2O_3 + 2OH^- + 3H_2O = 2[Al(OH)_4]^-$ (2)减小 (3)石墨电极被阳极上产生的O_2氧化 (4)阳极反应为$4CO_3^{2-} + 2H_2O - 4e^- = 4HCO_3^- + O_2\uparrow$,$H_2$。 (5)$NH_4Cl$分解产生的HCl能够破坏Al表面的$Al_2O_3$薄膜。

3.镁合金

镁合金密度小,强度比钢强度高,耐高温、耐腐蚀、性能好。常用作飞机壁板、整流罩、发动机罩、门、盖板、框架、整流包皮、翼尖、尾面、副翼油泵壳体、仪表壳体;火箭和导弹零部件;直升机齿轮箱、直升机车轮和发动机部件、涡轮喷气发动机机罩、机轮外壳、直升机传送箱。

【例6】 目前世界上60%的镁是从海水中提取的,海水提镁的主要流程如下:

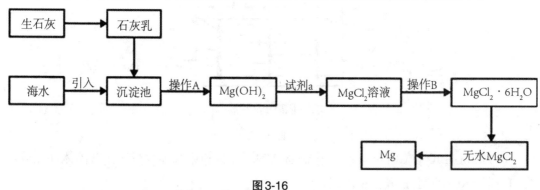

图3-16

请回答下列问题:

(1)从离子反应的角度思考,海水中加入石灰乳的作用是_____,写出在沉淀池中反应的离子方程式_____。

(2)石灰乳是生石灰与水形成的混合物,从充分利用海洋化学资源、提高经济效益的角度,生产生石灰的主要原料来源于海洋中的_____。

(3) 操作A是_____,操作B是_____。

(4) 加入的足量试剂a是____(填化学式)。

(5) 无水$MgCl_2$在熔融状态下,通电后会生成Mg和Cl_2,该反应的化学方程式是_____
_____从考虑成本和废物循环利用的角度,副产物氯气可以用于制盐酸,循环使用。

(6) 海水提镁的过程,为什么要将海水中的氯化镁转变为氢氧化镁,再转变为氯化镁?

答案　(1)沉淀Mg^{2+}[或使Mg^{2+}形成$Mg(OH)_2$沉淀]$Mg^{2+}+2OH^-=Mg(OH)_2\downarrow$

(2)贝壳(或牡蛎壳等)　(3)过滤　加热浓缩　(4)HCl

(5)$MgCl_2(熔融)\xrightarrow{通电}Mg+Cl_2\uparrow$　(6)海水中氯化镁的含量很大,但镁离子浓度很低,该过程可以使镁离子富集,浓度高且成本低。

三、聚焦载人航天器的生命保障系统

生命保障系统可以提供生存所需的空气、水和食物,并可以维持合适的身体温度与压力,同时可以收集或处理代谢中产生的废物。生命保障系统中的所有组件都关乎生命,所以都是基于安全工程学进行设计。

1. 氧气供应系统

随着我国航天科技水平的迅速进展,探测火星已成为我国航天科技进展的远景目标,但要把人类送上火星,还有许多航天技术问题需要解决。如,如何提供在往返路程中航天员呼吸所需要的氧气和排除呼吸过程产生的二氧化碳确实是一个值得研究的问题。

【例7】　已知一个成年人平均每年要呼吸空气6570000 L左右,而目前的飞船飞往火星来回一趟需两年的时间,假如在飞船发射时携带所需的氧气质量不够大,将大大提高发射的成本和难度。

(1)若飞船上有三名航天员,请运算来回火星一趟,理论上需要氧气_____kg。(氧气的密度是1.43 g/L,答案取整数)

(2)有人提出两个在飞船上供氧的方案:①通过太阳能电池产生的电流来电解水。②通过下列化学反应产生氧气:$2Na_2O_2+2CO_2=2Na_2CO_3+O_2$,从减少飞船发射质量和排除呼吸过程产生的二氧化碳的角度,请你评判这两个方案最要紧的优缺点(各写一点)。

(3)也有科学家提出研究使航天员人工冬眠的技术或加快飞船速度,缩短航行时刻来减少氧气的携带量。你是否有较好的方案,请举一例:_____。你提出该方案的简要理由:_____。

解析　题目提示要从两方面去考虑问题。从CO_2的循环处理来看,方案②要优于方案①,但通过运算可知,产生同质量的O_2,方案②消耗原料质量大,发射成本高,从这点看,方

案①要优于方案②。我们最熟悉的CO_2与O_2之间的循环确实是植物的光合作用了,它与人的呼吸作用过程恰好相反,且成本低,简单易行。

答案 (1)11838(按氧气体积分数为21%运算)。

(2)方案①:优点是产生同质量的氧气,飞船发射时质量较小;缺点是不能同时排除呼吸过程产生的二氧化碳。方案②:优点是产生氧气的同时能排除呼吸过程产生的二氧化碳;缺点是产生同质量的氧气时飞船发射质量较大。

(3)在飞船内种植光合作用效率高的植物,二氧化碳和氧气循环利用,既能减轻飞船发射的质量又能同时排除呼吸过程产生的二氧化碳。

【思考与讨论】

如何实现航天飞机中水的供应?

2. 水保障系统

科学趣闻:1961年,苏联航天员加加林要步入发射舱时突感尿急,只好下来顺着太空服的管子向外排尿;同年,在飞船里迟迟不能发射的美国航天员谢泼德也遭遇了尿急,指挥官命令他尿在太空服里。80年代,"太空服之父"华人唐鑫源为解决太空人排尿问题,改进了太空服,加入高分子吸收体,发明了能吸水1400毫升的纸尿片,排尿才不再是航天员的难题。技术后来转为民用,就是现在千家万户使用的"尿不湿"。

【例8】 而目前国内市场上纸尿裤的吸收芯层主要由纯木浆(绒毛浆)和高吸水性树脂(SAP)构成的层状结构。

下列材料中不属于有机高分子化合物的是( )。

  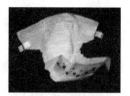

宇宙飞船外壳 酚醛树脂 A　　光导纤维 二氧化硅 B　　宇航服 聚酯纤维 C　　尿不湿 聚丙烯酸钠 D

解析 相对分子质量在10000以上的为高分子,可利用缩聚反应、加聚反应得到有机高分子化合物,则酚醛树脂、聚酯纤维、聚丙烯酸钠均为有机高分子化合物,而二氧化硅为无机物,故选B。

答案 B

四、聚焦航天的能源维持系统

航天器必须要有持续的能源供给系统,实现正常的发动机启动,为机载电脑供电来控制飞行姿态等功能。目前,飞机常用的3种电池为铅酸蓄电池、镍镉电池、锂离子电池。

1. 铅酸蓄电池

铅酸电池是1859年法国人普兰特发明,至今有100多年的历史,是发展历史最悠久的蓄电池。波音777就使用的这种电池。该种电池具有使用寿命短(1~5年),日常维护频繁,比能量低,但电压稳定,价格便宜,维护简单,质量稳定,可靠性高。

【例9】 铅酸蓄电池常用作航天作业,其构造如图所示,工作时该电池总的方程式为

$$Pb + PbO_2 + 2H_2SO_4 \underset{充电}{\overset{放电}{\rightleftharpoons}} 2PbSO_4 + 2H_2O$$。按要求回答下列问题:

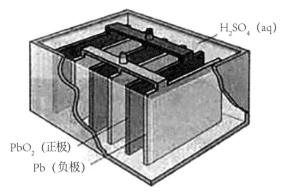

H₂SO₄ (aq)

PbO₂ (正极)

Pb (负极)

图3-17

(1) 负极材料是_____,正极材料是_____,电解质溶液是_____。

(2) 工作时,电解质溶液中的H^+移向_____极。

(3) 工作时,电解质溶液中硫酸的浓度_____(填"增大""减小"或"不变")。

(4) 当铅酸蓄电池向外电路提供2 mol e⁻时,理论上负极板的质量增加_____g。

答案 (1)Pb　PbO₂　稀硫酸　　(2)PbO₂(或正)　　(3)减小　　(4)96

2. 镍镉电池

波音737和空客A320采用镍镉电池作为主电源。"神舟"飞船中的太阳能电池阵——镍镉蓄电池组系统的工作原理:当飞船进入光照区时,太阳能电池为用电设备供电,同时为镍镉电池充电,电极反应为:

阴极　$Cd(OH)_2 + 2e^- = Cd + 2OH^-$

阳极　$2Ni(OH)_2 + 2OH^- - 2e^- = 2NiOOH + 2H_2O$

NiOOH常称氢氧化镍酰或碱式氧化镍,其中Ni为+3价。

当飞船进入阴影区时,由镍镉电池提供电能,电极反应为:

阴极　$Cd+2OH^--2e^-=Cd(OH)_2$

阳极　$2NiOOH+2H_2O+2e^-=2Ni(OH)_2+2OH^-$

该电池的优点为较低的维护成本,可靠且具有宽的工作温度范围,但最致命的缺点为在充放电过程中如果处理不当,会出现严重的"记忆效应",使得服务寿命大大缩短。

【例10】　镉镍可充电电池的充、放电反应原理如下:$Cd + 2NiOOH + 2H_2O \underset{充电}{\overset{放电}{\rightleftharpoons}}$ $2Ni(OH)_2+Cd(OH)_2$。下列说法错误的是(　　)。

A. 放电时,Cd作为负极

B. 放电时,NiOOH作为负极

C. 电解质溶液为碱性溶液

D. 放电时,负极反应为$Cd+2OH^--2e^-=Cd(OH)_2$

解析　镉镍电池放电时,Cd作为负极,电极反应为$Cd+2OH^--2e^-=Cd(OH)_2$;NiOOH作为正极,电解质溶液为碱性溶液,B项错误。

答案　B

3. 锂离子电池

波音787和空客A380主电源为锂离子电池。具有高能量密度和快速充放电速度等优点。

阳光动力2号太阳能飞机不耗费一滴燃油便可昼夜连续飞行。所有能量完全由太阳能电池提供。

【例11】　为了实现空间站的零排放,循环利用人体呼出的CO_2来提供O_2,我国科学家设计了如图装置。反应后,电解质溶液的pH保持不变。下列说法正确的是(　　)。

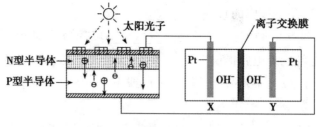

图3-18

A. 图中N型半导体为正极,P型半导体为负极

B. Y电极的反应:$4OH^--4e^-=2H_2O+O_2\uparrow$

C. 图中离子交换膜为阳离子交换膜

D. 该装置实现了"太阳能→化学能→电能"的转化

解析　根据装置图中电荷移动的方向可知,N型半导体为负极,P型半导体为正极,A项错误;Y电极连接电源的正极,作为阳极,根据电解原理,电极反应为$4OH^--4e^-=$

$2H_2O+O_2\uparrow$,B项正确;反应后,电解质溶液的pH保持不变,离子交换膜应为阴离子交换膜,C项错误;该装置实现了"太阳能→电能→化学能"的转化,D项错误。

答案 B

4.燃料电池

空间站和航天飞机还有燃料电池供电系统。

【例12】 将氢气、甲烷、乙醇等物质在氧气中燃烧时的化学能直接转化为电能的装置叫燃料电池。燃料电池的基本组成为电极、电解质、燃料和氧化剂。此种电池能量利用率可高达80%(一般柴油发电机只有40%左右),产物污染也少。下列有关燃料电池的说法错误的是( )。

A. 上述燃料电池的负极反应物是氢气、甲烷、乙醇等物质

B. 氢氧燃料电池常用于航天飞行器,原因之一是该电池的产物为水,经过处理之后可供航天员使用

C. 乙醇燃料电池的电解质常用KOH,该电池的负极反应为$C_2H_5OH-12e^-=2CO_2\uparrow+3H_2O$

D. 以KOH溶液作为电解质溶液,甲烷燃料电池的正极反应为$O_2+2H_2O+4e^-=4OH^-$

解析 A项,燃料电池中,燃料作负极,负极反应物可以是氢气、甲烷、乙醇等物质,正确;B项,航天飞行器中氢氧燃料电池的产物是水,经过处理之后可供航天员使用,正确;C项,乙醇燃料电池的电解质为KOH时,生成的二氧化碳会和其反应生成碳酸盐,负极反应:$C_2H_5OH-12e^-+16OH^-=2CO_3^{2-}+11H_2O$,错误;D项,燃料电池中正极上氧气得电子,在碱性环境下,正极反应式为$O_2+2H_2O+4e^-=4OH^-$,正确。

答案 C

五、聚焦航天器导航系统

原子钟提供高精确的时间是卫星导航定位系统正常运行所必需的,在全球定位导航系统中占有非常重要的地位和作用。原子钟是利用原子吸收和释放能量时发出电磁波来计时的。目前应用在航天领域的原子钟的化学元素有H、Cs、Rb和Sr等。我国的北斗导航卫星系统采用了1台高精度铷原子钟和1台星载氢原子钟,其中铷原子钟比前代产品体积更小、减重30%以上,而技术性能大幅提升,其精度和美国GPS全球卫星导航系统采用的铷钟水平相当,每2000万年才误差1秒。

【例13】 我国导航卫星的"心脏"使用的是铷原子钟,下列关于铷的说法正确的是( )。

A. ^{85}Rb 和 ^{87}Rb 互称为同素异形体　　B. ^{86}Rb 和 ^{87}Rb 具有相同的中子数

C. $^{85}_{37}Rb$ 原子核外电子数是37　　D. $^{87}_{37}Rb$ 的质子数是87

解析 ^{85}Rb 和 ^{87}Rb 质量数分别为85、87，质子数均为37，利用质子数＝电子数，质子数＋中子数＝质量数及同位素的概念来解答。 A. ^{85}Rb 和 ^{87}Rb 的质子数相同，中子数不同，互称为同位素，A项错误；B. ^{86}Rb 和 ^{87}Rb 具有相同的质子数，不同的中子数，B项错误；C. 原子核外电子数＝质子数＝37，C项正确；D. $^{87}_{37}$Rb 的质子数是37，质量数为87，D项错误。

答案 C

【思考与讨论】

你认为未来航天能源维持系统的发展方向是什么？

第四章　高中生物与航天

　　2022年4月16日,神舟十三号载人飞船返回舱安全着陆。翟志刚、王亚平、叶光富三位航天员顺利返回地面,太空"出差"历时183天。中国航天科技集团四院42所研制的技术和产品涉及"箭、船、站、服、员"五大系统,为航天员六个多月的空间站工作和生活提供了可靠的保障。

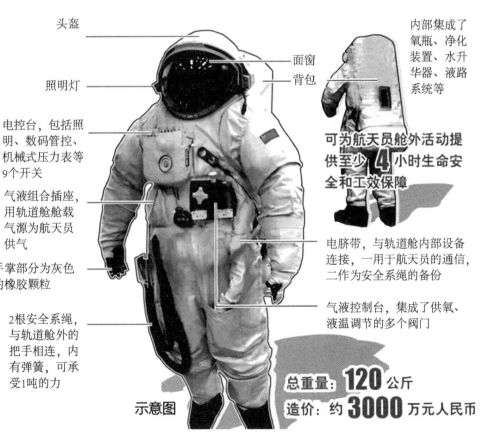

头盔

照明灯

电控台,包括照明、数码管控、机械式压力表等9个开关

气液组合插座,用轨道舱舱载气源为航天员供气

手掌部分为灰色的橡胶颗粒

2根安全系绳,与轨道舱外的把手相连,内有弹簧,可承受1吨的力

面窗
背包

内部集成了氧瓶、净化装置、水升华器、液路系统等

可为航天员舱外活动提供至少4小时生命安全和工效保障

电脐带,与轨道舱内部设备连接,一用于航天员的通信,二作为安全系绳的备份

气液控制台,集成了供氧、液温调节的多个阀门

示意图

总重量：120公斤
造价：约3000万元人民币

图4-1　我国自主研发的"飞天"舱外航天服

（图源：《青岛早报》）

人类要想走出地球驶向太空，并在宇宙空间中长期生存，就必须解决一系列空间生存问题。比如，解决失重、真空、宇宙辐射、高温(或低温)等宇宙环境因素对生命过程的影响，解决航天员在太空中饮食、作息问题，消除人体长时间处于太空所造成的不利代谢影响等。

太空生存是生物学为航天领域提供的基础技术支撑。在本章的学习中，同学们将了解空间生理学和医学、空间生物学、受控生态生保系统等生物学的应用学科在航天领域所发挥的重要作用。

同时，独特的太空环境也为生物学提供了良好的研究平台。空间生物工程研究是当前的研究重点，以空间生物环境诱变育种和空间细胞与分子生物学研究为两大主要研究方向，探索并揭示空间环境对生物体产生有益变化的规律，并开发生物新品种、新医药和新健康产品。

第一节　高中生物知识在航天领域的应用

【导言】

1964年7月19日，中国第一枚生物试验火箭"T-7A(S1)"发射成功，实现了中国空间生命科学史零的突破。"T-7A(S1)"火箭的生物舱内载有2只固定大白鼠、2只活动大白鼠、4只小白鼠和12支生物样品试管，大、小白鼠全部健康返回地面。2003年10月，我国神舟五号载人飞船发射圆满成功，显示出我国载人航天工程向前迈出了一大步。随后，我国先后成功发射神舟系列飞船，船载人员从一名航天员发展到三名航天员，并在太空构建空间站，完成了一系列的太空实验。

思考：从箭载动物实验成功到载人航天，你认为会面临哪些困难？

【学习目标】

1. 说出太空环境对生命活动的影响。

2. 了解我国开展的载人航天研究。

3. 说明生命科学在航天领域给予的保障与支持。

一次次搭载生物实验的航天活动，让人类对生命奥秘的认知一步步突破，也为人类更深入地研究太空生存奠定了坚实的基础。

一、载人航天面临的健康挑战

人类进入太空面临的首要问题是克服空间环境与地球表面环境的差异。空间环境不同于地面，具有强辐射、微重力、弱磁场、高真空、昼夜节律改变、温差大等特征。其中，空间强辐射和微重力是影响人体健康的两个主要因素。如何降低空间辐射、消除微重力对人体健康的影响成为载人航天中不可回避的问题。

空间辐射　空间辐射指存在于地球大气层外宇宙空间的辐射。测量结果表明,人体在近地轨道接受的辐射剂量是地面水平的数十倍,大大超出地面专门从事放射性工作人员的安全极限值。随着飞行轨道的增高,空间辐射剂量也随之增大。空间辐射对人体健康会产生怎样的影响呢? 我们可以通过下面的实验模拟空间辐射对细胞生长的影响来进行探究。

【探究实验】

紫外线照射对蚕豆根尖细胞生长的影响

地球大气层中的臭氧层对太阳辐射到地球的紫外线有着大量吸收作用,能有效保护生物体。在太空环境中,紫外线的强度远高于地球表面。核酸分子对紫外线有吸收效应,过量的紫外线照射会使染色体畸变,导致在细胞核外形成小核现象。因此,利用紫外灯模拟太阳辐射的紫外线照射蚕豆根尖细胞,通过观察根尖细胞核的形态变化、是否出现小核等,研究紫外线照射对根尖细胞的影响。

【目的要求】

探究紫外线照射对蚕豆根尖细胞生长的影响。

【材料用具】

蚕豆种子、紫外灯、显微镜、载玻片、盖玻片、培养皿、剪刀、镊子、滴管、烧杯、恒温箱、质量浓度为0.01克/毫升的醋酸洋红溶液,质量分数为15%的盐酸,体积分数为95%的酒精。

【方法步骤】

1. 蚕豆根尖的培养

将蚕豆种子放入盛水烧杯中,在25℃条件下避光浸泡24小时。期间换水2次,所换水需提前预温到25℃。种子吸胀后,用湿润的卫生纸包裹,放入培养皿中,在25℃恒温箱中培养至根尖长度为1～2厘米备用。

2. 紫外线处理

在室温25℃条件下,用紫外灯照射一组培养皿中的蚕豆根尖30分钟,紫外灯与培养皿距离保持在30厘米。另取一组不用紫外灯照射,在室温25℃条件下培养24小时。

3. 装片制作

制作装片:取根尖顶部约1 cm长的幼根,用等体积的盐酸和酒精混合液处理10分钟。待根尖软化后,倒掉处理液,并用清水浸洗根尖2次,每次5分钟。截取根尖2～3毫米的部分,用质量分数为0.01克/毫升的醋酸洋红溶液对根尖细胞进行染色5分钟。将染色后的根尖取出,放在载玻片上,加一滴清水,盖上盖玻片后,轻轻按压,让根尖细胞分散成单层细胞。

4. 观察

在低倍镜下观察,找到分生区的细胞,再换成高倍镜仔细观察。在分裂间期的细胞中观察细胞核的结构和存在小核的细胞。

5. 结论

根据观察结果,阐述紫外线照射对根尖细胞生长的影响。

6. 讨论

结合植物细胞实验的结果,推理紫外线照射对动物细胞生长会产生哪些影响?

关于空间辐射对人体健康的影响主要是在地面模拟实验中获得的,还需要大量的太空实验进行验证。目前已完成的太空实验初步表明,空间辐射对于动物细胞的影响主要体现在以下几个方面:细胞死亡、基因突变、染色体畸变、发育畸形,并与癌症的发生和细胞衰老有关。从分子水平来看,空间辐射会提高DNA分子的突变频率,影响蛋白质分子的表达。从细胞水平来看,空间辐射效应造成的危害首位是细胞癌变,其次是对中枢神经细胞的损伤。目前各国实施的载人航天活动,除借助飞行器舱体、宇航服帮助航天员抵御空间辐射外,还结合使用药物降低空间辐射对人体健康的影响。

微重力 微重力环境下物体受到的重力远低于其在地球表面受到的重力,这导致已适应了地面重力的细胞中的各种生化反应在新的受力环境下进行时会影响细胞正常的基因表达过程,导致细胞的形态结构和组织器官的发育不同于地球表面。

【资料阅读】

研究失重生理效应的影响,目前重点是针对微重力环境下人体发生的心血管功能障碍、肌肉萎缩、骨质流失、空间运动病等生理效应和机制。

国际空间站实验中已发现,长期失重可引起心血管系统障碍、心肌萎缩、收缩功能下降、骨骼系统和肌肉系统出现长期失用性改变。迄今为止,对于人体骨质流失和肌肉萎缩的机制还不明确。研究表明,骨骼钙质流失在进入空间站工作几天后就开始出现,并在6个月之后钙质流失继续发展。尿钙检测显示,钙质流失水平与地面的卧床实验结果相比要大得多。从医学角度看,长时间太空生活对骨骼的改变同人体骨骼老化类似,会对航天员生命健康带来严重影响。现在认为,造成这一现象的主要原因是由于缺乏重力的束缚,人体肌肉组织处于类似失用状态,从而导致了相关肌力和肌肉的减弱。

此外,在微重力条件下,人体的上身感受器官会错误地判断血量增多,导致体液水平下降,进而引发一系列心血管功能障碍。大部分航天员还会发生中度到严重的空间运动症,出现眩晕、疲劳、呕吐、头疼失眠和免疫力下降等一系列不适反应,进而加剧航天员的健康危险。

国际上就此开展了大量研究,提出飞行前针对性训练和锻炼,研发药物治疗手段,能在一定程度上减轻类似疾病对航天员的困扰。但目前关于失重对人体影响的作用机制仍不清楚,这也成为人类进入太空并长期生活于太空的一个尚未克服的障碍。

微重力环境在人体健康领域给长期太空飞行带来了困扰,但为其他生命科学研究的项目创造了有利条件。

结构基因组、蛋白质组研究　地面上的蛋白质研究因为得不到高质量的蛋白质单晶体而难以深入研究其功能。在空间的微重力环境下,比较容易得到尺寸更大、质量更高的蛋白质晶体,从而为获得更精细的分子结构进而更确切地了解结构与功能关系创造了坚实的基础。

细胞融合研究　在地面上,由于重力引起的细胞沉淀和热对流干扰了细胞膜的紧密接触,大大限制了异源细胞配对,降低了细胞融合效率。而空间微重力环境中,重力沉降趋于消失,为提高细胞融合效率创造了前所未有的条件和特别的机会。在这种条件下实施细胞融合,可以获得比较理想的实验结果。

光合作用以及生态系统稳定性研究　利用光合作用在太空进行光生物转化,为航天员提供食品和氧气,建立受控生态生命保障系统,对于我国载人深空探测、建立外星球基地等长远空间规划具有重要意义。微重力等空间环境对植物生长是逆境条件,是影响太空植物光合作用效率的重要因素。适应地球重力条件下的植物能否在空间环境下维持高水平的光合作用效率,是受控生态生命保障系统成败的关键。生物圈的维持和演化过程需要包括动物、植物、微生物等构成的生态系统的参与,微生物是维持生态系统稳定的重要成分。在空间环境中,特别是在人类进行长期空间飞行或地外居留所必需的生命保障系统中,微生物的生长发育和代谢功能,是急需解决的基本理论问题。

【思考讨论】

1.目前微重力环境对航天活动中人体健康的影响有哪些?

2.谈谈你对微重力环境下生命科学研究的看法。

3.应对微重力对人体健康的影响,你有哪些设想?

二、航天中的健康保障

20世纪70年代,中国在"曙光号"计划中,探索超重对心血管系统与神经系统的调节作用,正式开始了以航天医学问题为目标的航天生物医学基础研究。20世纪90年代后期,在失重生理效应研究方面,从早期的对现象观察发展到深入的机制探讨,从细胞分子水平开展了航天医学研究。2005年,在神舟六号的任务中,率先在国际上实现了空间飞行条件下心肌细胞实时研究,为进一步开展空间心血管功能紊乱的机制与防护对抗措施研究提供了细胞学依据。

目前，我们依靠自身能力逐步发展建立了具有中国特色的航天员健康维护体系，提出了"预防性原则、实时性原则及预见性原则"的健康保障原则。将中医药理论与航天医学相结合，我国创立了中国特色的航天员个体化诊疗方法，确保航天员在飞行任务中的身体健康。通过实验研究，对航天员航天生理功能检查方法进行了优化，确定了航天员个体生理参数在各种条件下的极值范围，建立了适合中国航天员的航天生理功能评价标准体系，为适应中国人体特征的航天实时医学监控提供了客观依据。

1992年中国载人航天工程正式启动，神舟五号、六号、七号任务的圆满完成，证实了中国已具备短期飞行的医学保障能力。2010年9月，中国空间站任务正式启动。经过10年的发展，我国已经掌握和具备了航天员长期驻留外层空间的保障能力，正式迈入空间站时代。

空间站建设的关键是物理化学再生式环控生保技术，其基本功能是对空间站密闭环境进行控制。物理化学再生式环控生保系统可以为航天员提供水、氧、食物等必需物质和其他的生活保障。为此，我国通过863计划预研项目对相关研究给予了长期的支持，已经形成了以空间站应用为目标、以物理化学再生式技术为核心的完整的环控生保系统技术基础和研制体系，建立了模拟空间站密闭舱的再生式环控生保系统技术试验平台，并首次进行了"3人62天"连续的系统集成试验。通过试验，验证了物理化学再生式环控生保系统的核心技术，掌握了系统集成技术，总结了系统运行流程及规律，初步获取了指导中国未来空间站环控生保系统设计、研制的若干总体性指标，为空间站环控生保系统的研制奠定了重要的技术基础。基于航天中生物科学研究也催生了一个新的空间学科分支——空间生命科学。

【资料阅读】

空间生命科学概述 空间生命科学是随着人类空间探索活动，特别是载人空间探索而产生和发展的新兴交叉学科，是空间科学的一个重要的分支学科，主要内容包括：开展地球生物体在空间特殊环境下的生命现象及其活动规律的基础研究；开展利用空间特殊环境空间生物技术和转化应用基础研究；开展支撑载人空间探索活动的应用研究；开展地外生命探索和宇宙生命起源的探索性研究的交叉学科，以及支撑空间生命科学研究的特殊方法和相关技术研究。空间生命科学具有支撑航天、载人航天可持续发展和深化认知生命现象，补充和丰富知识体系的双重目的。

三、我国空间生命科学发展概况

1964年7月19日，我国第一枚生物试验火箭"T-7A(S1)"发射成功，实现了中国空间生命科学史零的突破。

1965年6月1日与6月5日，分别发射了第二枚与第三枚"T-7A(S1)"生物试验火箭，并再度获得成功。

1966年于7月15日和7月28日，又接连发射了两枚"T-7A(S2)"火箭，发射高度68～70公里，飞行时间20多分钟，进一步获得进化程度更高的哺乳动物(狗)的生物火箭试验的成功。

1968年，我国建立了航天医学工程研究所，开始了系统的空间人体科学研究。在20世纪70年代，在"曙光号"计划中，正式开始了以空间健康问题为目标的空间人体科学基础研究，主要研究了超重对心血管神经系统的调节作用。

1988年在我国返回式卫星上，用德国INTOSPACE公司发展的管式空间蛋白质结晶技术(COSIMA)进行了空间蛋白质结晶实验，对微重力条件下生长蛋白质晶体做了初次尝试。

自20世纪80年代以来，我国科学工作者先后22次利用返回式卫星和神舟飞船搭载植物种子，在小麦、水稻、大豆、棉花、番茄、苜蓿等多种作物上培育出优异新品系，获得了大量特异性十分突出的作物新种质、新材料。

1992年我国成功地利用研制的空间蛋白质晶体生长装置，在空间第一次试验成功。

1995年，我国科学家利用美国的航天飞机开展了液-液扩散法的蛋白质晶体生长实验。

2002年和2011年在神舟三号、神舟八号飞船上进行了两次二十余种蛋白质的结晶实验。实验硬件和技术方面也从跟踪模仿到发展到自主研制阶段。

2003年10月，我国神舟五号载人飞船发射的圆满成功，显示出我国载人航天工程向前迈出了一大步。随后，我国先后进行神舟六号、神舟七号和神舟九号载人航天，从原来一名航天员发展到三名航天员，并且首位女航天员顺利飞天。神舟六号飞船开展以航天员本身作为生理试验的对象。科研人员在两名航天员身上装上各种各样的传感器来记录其在空间飞行期间新陈代谢的情况，感受人体失重的感觉，考验人体在空间环境的忍耐性，以及采集水、气供应和生活垃圾排泄等数据。获得人在失重环境下的运动规律、力的表现特性等数据，为设计中国空间站提供重要依据。神舟九号飞船开展了10项人体科学实验，包括航天飞行对前庭眼动、心血管及大脑高级功能影响研究；失重生理效应防护的细胞学机制研究；空间骨质流失防护技术研究；有害气体采集与分析；航天员在轨质量测量；失重条件下扑热息痛的药代动力学研究；航天员睡眠清醒生物周期节律监测。

2010年9月，我国空间站任务正式启动，标志着我国载人航天工程即将实现从中短期飞行到长期在轨驻留的突破。神舟飞船系列搭载一系列生命科学实验设备，使我国空间生命科学有飞跃性的发展。2002年神舟四号飞船"空间细胞电融合"实验，分别进行了烟草"革新一号"原生质体和黄花烟草脱液泡原生质体的空间融合和小鼠骨髓瘤细胞与淋巴B细胞的空间融合实验，获得了融合细胞并测定了空间微重力条件细胞的融合率，以及烟草融合细胞再生植株的能力。

2011年神舟八号飞船上,开展涉及基础空间生物学、空间生物技术、先进生命保障系统,以及空间辐射生物学等科学研究问题,共17项科学实验项目。

2021年6月,随着神舟十三号飞船的成功发射以及与空间站成功对接,航天员完成了长达180多天的空间站生活,标志着我国航天事业已进入全新的空间站时代。

【思考与讨论】

开展空间生命科学研究的意义有哪些?

【练习与应用】

概念检测:

1.根据宇宙空间对人体健康的影响,判断下列表述是否正确。

(1)空间辐射主要导致细胞突变,多在染色体结构上可以显微观察。(　　)

(2)微重力环境下,细胞的代谢和调节行为改变,不利于细胞的生长。(　　)

2.下列关于宇宙空间中航天员健康面临的挑战,表述不正确的是(　　)。

A.微重力条件下,航天员面临的钙质流失过快的问题

B.微重力环境影响航天员的运动能力,严重的会出现头晕、呕吐等症状

C.航天员的昼夜节律不同于地球表面

D.微重力条件下,细胞中的结晶现象和融合现象与地球表面没有差别

拓展应用:

查阅资料,了解我国开展了哪些"太空授课"内容,并就自己感兴趣的方面进行交流讨论。

第二节　在航天领域开展的生物科学研究——太空育种

【导言】

在武汉植物园生产温室一侧的藤架上,生长着一批神奇有趣的太空瓜果。美丽的淡绿色斑纹、果实颈部上方略为膨胀似天鹅头部的天鹅葫芦;果实尾端尖细、外形硕大如鼠的老鼠瓜;能够长到50公斤的巨型南瓜;能够长到两尺多长的太空丝瓜……这些奇形怪状的瓜果都是经历过太空遨游返回地面后选育出的新品种作物。

图 4-2　天鹅葫芦

（图源：武汉新闻网）

早在20世纪60年代初,苏联及美国的科学家开始将植物种子搭载卫星上太空,在返回地面的种子中发现其染色体畸变频率有较大幅度的增加。20世纪80年代中期,美国将番茄种子送上太空,在地面试验中获得了变异且无毒可食用的番茄。把"会飞的农场"带到中国土地上,是我国农业科学家的创造。从1987年开始,我国开始利用返回式卫星进行种子空间搭载试验。迄今为止已经试验了1000多种农作物种子,其中370多种有显著效果,尤其在水稻、小麦、棉花、番茄、南瓜、青椒等作物上培育出一系列优质品种,取得了极大的经济效益。

【思考与讨论】

1.你能说出太空育种的生物学原理吗?

2.展开想象,太空育种会对我们的生活带来怎样的影响?

【学习目标】

1.说出太空育种的原理和基本过程。

2.了解太空育种的成果。

3.认可我国在太空育种方面的杰出贡献。

一、太空育种

太空育种又称航天育种、空间诱变育种,是利用太空技术,以作物的种子、组织器官或生命个体为诱变材料,利用强辐射、微重力、高真空、弱磁场等宇宙空间的特殊环境使生物的遗传物质发生变化,再返回地面选育出新品种、新材料的育种技术。太空育种是航天技术与生物育种技术相结合的产物,是综合了宇航、遗传、辐射、育种等多种学科的高新技术。

（一）太空育种的发展

我们首先来了解一下太空育种的发展吧。

太空育种技术最早起步于20世纪60年代。苏联科学家将冷杉的种子送入太空，结果在其后代中获得了生长快速的植株。俄罗斯航天员在礼炮号与和平号空间站生活期间，播种了小麦、洋葱、兰花等植物，发现这些植物比在地球上的生长快、成熟早。美国太空实验站和航天飞机上还种植过松树、燕麦、绿豆等植物。科学家们发现这些植物在失重条件下生长发育不仅没有受到不良影响，细胞中重要的化合物蛋白质的含量反而增加了。

我国的太空育种研究开始于1987年。1987年8月5日，中国第9颗返回式科学试验卫星发射成功，一批农作物种子、菌种和昆虫等地球生物被送到了遥远的天际，开启了中国农作物种子的首次太空之旅。2006年9月9日，中国首颗以空间诱变育种为主要任务的返回式科学试验卫星——实践八号，在酒泉卫星发射中心发射升空。它装载了粮、棉、油、蔬菜、林果、花卉等9大类约215千克的农作物种子和菌种，共包括152个物种，其中植物133种、微生物16种、动物3种，创造了中国开展太空育种研究以来搭载规模的纪录。

图4-3　部分农作物种子被包装、固定在特定支架上，准备装入实践八号育种卫星

（图源：新华网）

到目前为止，我国已先后30多次利用卫星、神舟飞船等返回式航天器搭载植物种子进行太空育种的研究，共培育出了700余个包括粮食、蔬菜、水果、油料等农作物以及林草花卉、中草药等的太空育种新品系、新品种。全国有20多个省份参与了太空育种，北京、甘肃、深圳等地还建立了专门的太空育种基地，长期进行太空搭载物种的地面选育和示范种植。

【思考与讨论】

请同学们结合我国国情，谈一谈我国大力发展太空育种的必要性。

（二）太空育种的原理

为什么遨游过太空的种子返回地面后会变成新的品种呢？

植物的遗传物质是一种叫作脱氧核糖核酸的生物大分子,简称DNA。DNA是细胞内携带遗传信息的物质,在生物体的遗传、变异和蛋白质的生物合成中起着极其重要的作用。DNA和蛋白质紧密结合构成染色体,存在于植物细胞的细胞核内。

在我们生存的自然条件下,由于外界环境变化较小且DNA分子结构相对稳定,植物本身发生自发突变的频率极低。而太空的大气结构、密度、压力、辐射等条件与地球存在很大的差异,这些差异都可能引起植物种子中的DNA发生改变。太空育种就是充分利用这些不同于地面的太空环境,如强辐射、高真空、微重力、弱磁场等,造成植物细胞内DNA链的断裂、突变,或者引起染色体片段的缺失、倒位、易位、重复等,从而使植物种子的遗传信息发生改变,最终获得在地面上难以获得的变异类型。科学实验证明,宇宙射线和微重力是导致植物种子遗传物质发生改变的主要因素。

宇宙射线　太空中存在着各种辐射源,包括电子、质子、α粒子、高能重粒子以及X射线、γ射线和其他宇宙射线。它们能穿透卫星舱体外壁,作用于飞行器中的生物,其中高能重粒子具有较为强烈的致变作用。当生物被宇宙射线中的高能重粒子击中,就会引起细胞内遗传物质DNA分子的断裂,细胞为求生存会出现应急效应(SOS)。应急效应(SOS)诱导修复系统的启动,包括避免差错的修复和倾向差错的修复,倾向差错的修复是生物变异的主要途径。研究还表明植物种子突变情况与所击部位有关,与种子经太空飞行的时间也有关,一般时间越长,突变率越高。

微重力　太空中的重力远远低于地球,这是引起植物遗传变异的重要原因之一。在地球重力场中生长的植物均具有向重力性,而植物进入太空环境后会失去向重力性,导致其对重力的感受、转换、传输、反应发生了变化,从而启动响应系统,发出信号引起植物体内广泛的生理反应。单独的微重力因素对诱变不产生影响,但是在微重力的作用下生物膜的通透性提高了,这有助于诱变的产生。微重力的存在也会使宇宙

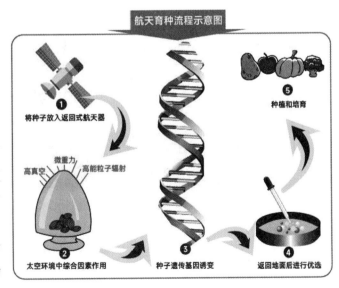

图4-4　航天育种流程示意图

射线对生物的影响加深。除此以外,微重力对植物的激素分布、钙离子分布、酶的活力和细胞结构等也有明显影响。

(三)太空育种的基本过程

如何进行太空育种呢?简单地说,我们需要将种子放入返回式的航天器,让它们在太空环境的综合因素作用下发生遗传物质的改变,待返回地面后,对这些种子进行优选,才有可能种植培育。

从遨游太空到地面培育,从品种筛选到品质验证,整个过程最快也需要4~5年。为了便于同学们理解,我们将其划分为以下三个阶段进行介绍。

1.阶段一:种子筛选

优良的种子在农业增产中举足轻重,所以种子筛选是太空育种的第一步。带上太空的种子必须是遗传性状稳定、综合性状良好的种子。

相关信息:筛选出的种子带上太空之前,要在地面留下相关对照,之后,与从太空带回来的种子同时种植,这样才能进行外观、抗病等不同性状的对比。

2.阶段二:太空诱变

利用卫星和神舟飞船等航天器将植物种子带上太空,利用特有的太空环境,如强射线、微重力、高真空、弱磁场等对植物的诱变作用,使植物产生多种变异类型,返回地面后选育出植物的新品种。但是诱变是具有随机性的,在太空育种的过程中,并不是每一粒种子都能被宇宙射线击中,也不是所有被击中的种子都能发生变异。即便是同一种作物搭载同一颗卫星,其结果也可能有所不同,这在一定程度上体现出了太空环境的复杂性和太空育种的局限性。

图4-5　科学家们正在把植物种子装上航天器

(图源:新华网)

3.阶段三:种植选育

太空育种是一个育种研究过程,整个研究最繁重和最重要的工作是在后续的地面上完成的。

由于这些种子的变化是分子水平的,想分清哪些是我们需要的,必须先将它们播种下去。一般从第二代开始筛选突变植株,将筛选出的突变植株进行自交繁殖,产生的种子继续进行播种和筛选。如此繁育三四代后,才有可能获得遗传性状稳定的优良突变系,期间还要进行品系鉴定、区域化试验等。这样,每批太空遨游过的种子都要经过连续几年的筛选鉴定,其中的优系再经过种植考验和农作物品种审定委员会的审定才能称其为真正的"太空种子"。

图4-6　红小豆搭载前后对比图
(图源:中国种子网)

【思考与讨论】

1. 结合生物变异的特点说一说,我们为什么要对经过太空诱变的种子进行筛选?
2. 有同学认为太空育种存在基因安全性问题,你赞同他的观点吗? 说说你的理由。

(四)太空育种的特点

太空育种是创造新种资源和新品种的一种有效途径。经研究发现,传统辐射诱变的有益变异频率仅为1‰~5‰,而太空辐射诱变的有益变异频率为1%~5%,最高诱变率可超出33%以上。多数太空变异性状稳定较快。在地球上选育一个植物新品种一般需要5~8年的时间,太空育种则可以将这一时间缩短一半,这极大节省了人力物力。经过太空育种产生的很多品种往往具有果形(粒形)大而饱满、营养成分含量高、口感好、耐贮存、抗病抗逆能力强等特征,有些突变体甚至是自然界没有的新性状,为遗传育种的定向选择提供了更丰富的资源,提高了经济效益。

【思考与讨论】

有人说太空育种会逐渐代替传统的育种方式,你觉得可能吗? 请说说你的观点。

二、太空育种的成果及展望

自1987年以来，我国育种工作者富有独创性地首先开始利用返回式卫星和高空气球等进行太空诱变育种研究，获得了一批极有价值的研究资料和成果，包括一些对产量有突破性影响的罕见突变，选育出了一些有应用前景的新品系，受到了世界科学界的广泛关注。

"航天一号"小麦是利用一般小麦和美国黑小麦通过杂交形成的新品系，然后通过返回式卫星携带进入太空进行诱变处理，再经连续7代稳定性试种培育而成的。"航天一号"小麦良种于2003年试种12.5公顷获得成功。经10多个大田种植测试点的实际计算得出，其产量平均每公顷超过9600千克，部分农户个别地块每公顷超过11200千克，与普通小麦相比可增产1200~1600千克/公顷。同时"航天一号"小麦的抗逆性、抗病性十分明显，且耐盐碱、抗干旱，表现出较强的生命力。

图4-7 "航天一号"小麦

2003年11月21日，40克水稻育秧种子搭载我国第18颗返回式科学与技术试验卫星，在太空遨游18天后返回地面。经数十位育种专家辛勤遴选、定向培育，获得了一个富含硒、铁、钙等微量元素，外观饱满晶莹，口感良好的水稻新品种，即"黄蕊一号"太空营养米。

图4-8　太空营养米

太空茄子是在第一批搭乘神舟四号飞船上天的优质茄种的基础上,历经5年的精心培育、六次改良的品种。这批茄子的抗病性好,种植过程中从未使用过农药,其口感更柔和,茄香浓郁。

图4-9　太空茄子

利用太空环境改良作物品种的同时,科学家们还进行了搭载作物的生物学和细胞学效应的研究。研究发现,太空环境提高了作物抗氧化酶的活性,进而提高了种子活力;太空育种作物的细胞内富含线粒体、过氧化物酶、核糖体,并且叶绿体体积增大,线粒体嵴膜清晰,细胞代谢旺盛,光合能力增强,从而导致果实增大、产量提高。

太空育种培育出的高产、稳产、抗病的粮食新品种,能减少农药的使用量,有利于保护环境,从根本上解决了我国的"米袋子""菜篮子"等问题,因而取得了良好的社会效益和经济效益,能更好地促进国家的稳定与发展。

【相关链接】

太空农业(Space Agriculture)是继地球农业、海洋农业以后,以航天技术为基础,利用太空环境资源而开辟的一个崭新的农业领域。其中包括利用卫星或高空气球搭载作物种子、微生物菌种、昆虫等,在太空中利用宇宙射线、高真空、微重力等特殊条件,诱发基因突变或染色体变异等,进而导致生物的遗传性状发生改变,从而快速有效地选育新品种;还包括利用卫星和空间站,在太空环境下直接种养生产农产品,用于提供太空人员的食物来源,甚至可以返销地面以补稀缺。

【查一查,做一做】

太空种子推广种植以后,太空辣椒、太空黄瓜等太空蔬菜已经越来越多地走进超市,走上餐桌。有些同学觉得这些太空蔬菜是变异以后形成的品种,质疑太空蔬菜的安全性。请同学们查查有关资料,研究一下太空蔬菜是否可以安全食用。

【课后练习】

1."天宫课堂"于12月9日15时40分正式开启,神舟十三号航天员在中国空间站精彩开讲。下列有关太空育种的说法错误的是(   )。

  A. 太空特殊环境下可能诱导发生染色体变异

  B. 太空特殊环境下可能诱导发生基因突变

  C. 航天育种技术能快速培育农作物优良新品种

  D. 目的性强,能按照人们的意愿获得人们预期的新品种

2. 2021年10月16日神舟十三号飞船与中国空间站自主完成对接,三位航天员在轨驻留六个月,期间将承担太空育种等研究。下列说法错误的是(   )。

  A. 太空育种能提高突变率,缩短育种时间,诱导产生新的物种

  B. 太空育种能大幅度改良生物的某些性状和扩大可供选择的范围

  C. 太空育种是利用强辐射、微重力等环境因素诱导种子或幼苗发生基因突变

  D. 太空育种产生的变异是不定向的,还需经过人工选择才能培育出需要的品种

3. 航天技术的发展,为我国的太空育种创造了更多更好的机会。下列关于太空育种的说法,错误的是(   )。

  A. 应该选用萌发的种子　　　　B. 仅有少数种子会发生突变

  C. 应该淘汰不具备新性状的种子　　D. 产生的新性状大多数对生产不利

4. 神舟十三号载人飞船此次搭载了100克、3000多粒水稻种子,希望通过太空诱变,

能够培育出更好的品种。太空诱变利用太空中的＿＿＿＿＿＿＿＿＿（要求答出两点）等特殊环境,该环境可能会让作物种子发生＿＿＿＿（填变异的类型）的可遗传变异。变异后的种子再被带回陆地,经过科研人员多代筛选、培育,会形成特性稳定的优质新品种。载人飞船搭载的通常是萌发的种子而不是干种子,原因是＿＿＿＿＿＿＿＿＿。与其他育种方式相比,太空育种的优点有＿＿＿＿＿＿＿＿（答出一点即可）。

【参考答案】

1. D　　　2. A　　　3. C

4. 高真空、宇宙射线、微重力等　　基因突变、染色体变异　　萌发的种子细胞有丝分裂旺盛,DNA复制过程中更容易诱发突变,因此载人飞船搭载的通常是萌发的种子而不是干种子　　产生新基因、变异多、变异幅度大

第三节　高中生物学业水平考试中的航天知识

伴随新一轮课程改革和高考改革的进行,高中生物学业水平考试的命题思路发生了很大的变化。考试命题以中国高考评价体系为中心,围绕教材,但不局限于教材;用真实情境为背景命题,考查考生的知识迁移能力;关注社会热点,考查考生的社会责任感;以生物学科核心素养为宗旨,考查考生科学思维和科学探究能力,选拔高素质人才。

从2011年起,中国航天事业持续快速发展,自主创新能力显著增强,进入空间能力大幅提升。2016年以后中国航天对"星空奥秘"的探索更是捷报频传。中国航天事业的最新成果是当前的热门话题,备受社会关注,以航天知识为背景的试题也越来越多地出现在各类生物试卷中。

1.航天育种

航天育种就是把作物种子放在返回式卫星舱、飞船、航天飞机内,在太空中飞行一段时间,由于太空环境中存在着高能离子辐射、微重力、宇宙磁场、超真空这些特殊的条件,可能使植物种子发生了在地面上不可能出现的变异。当卫星、飞船、航天飞机返回地面后,再把这类种子进行选育种植以获得优良品种。

【例1】　2021年10月,我国在神舟十三号载人飞船上搭载了3000多粒水稻种子进入太空,进行航天育种的研究。30多年间,中国通过航天育种,已筛选新材料1200多份,培育水稻、小麦、大豆、蔬菜等新品种260多个,年推广面积4000多万亩。下列有关航天育种的说法不正确的是(　　)。

A.航天育种常选萌发的种子或幼苗作为实验材料

B.航天育种可以通过改变基因的结构达到育种的目的

C.航天育种的优点是突变率高,可定向改变生物的遗传性状

D.航天育种利用太空的强辐射、微重力等因素诱导基因发生变异

解析 本题考查太空育种原理及相关知识。太空育种依据的主要原理是基因突变。基因突变是指DNA分子中发生碱基对的替换、增添和缺失,而引起的基因结构的改变,具有突变率低、不定向性等特点,主要发生在DNA复制时,即有丝分裂间期和减数第一次分裂前的间期。太空育种充分利用了宇宙空间所具有的强宇宙射线辐射、高真空、地心引力弱等多种空间环境因素诱导DNA分子中的碱基发生改变引起基因突变。因萌发的种子或幼苗代谢旺盛,容易发生突变。在诱导因素的作用下基因突变的频率增加,但仍具有不定向性。

答案 C

2.航天器内的生物实验

中国空间探测技术首席科学传播专家庞之浩表示,在太空的失重环境中,可以做许多地面做不了的物理、化学和生物实验,让学生对科学实验产生极大兴趣,对太空有更深刻的认识。国际空间站曾有一门为中学生开设的生物课,完成各种生物实验。

【例2】 秀丽隐杆线虫是个短命的动物,在实验室20℃条件下,仅能活2~3周,从出生到性成熟仅3天半,在3个月就能繁殖很多代,因此很适合进行太空飞行对动物后代影响的研究。

(1)在国际太空站培养秀丽隐杆线虫的温度应设置为____℃。

(2)为了探究太空飞行对该线虫的生长发育和后代的影响,航天员在国际太空站在适宜条件下对该线虫进行了培养和观察,如何设置对照? _____。

(3)学生们通过观察和记录得到的实验结果是:实验组和对照组的该线虫生长发育和后代无明显差异,由此我们能否得出太空飞行对生物的生长发育和后代没有影响的结论。请阐明理由。

_____

解析 (1)由题干可知,20℃条件是秀丽隐杆线虫生长发育的适宜温度条件。

(2)该实验的自变量是否进行太空飞行,太空组为实验组,对照组要在没有太空飞行的条件下设置的其他条件相同的地面组。

(3)通过两组对比,初步可以得出,太空飞行对秀丽隐杆线虫生长发育和后代影响不大,但还需要进一步仔细研究和观察更长时间飞行的影响,另外不同的生物生长周期不同,也是需要考虑的因素。

答案 (1)20。

(2)在地面上给予相同的条件培养相同的秀丽隐杆线虫。

(3)不同的生物生长发育周期不同,还需要进一步细致研究和观察更长时间太空飞行的影响。

3.有关航天员的生理活动

随着科学技术的发展,各国科学家都尝试着将人类活动范围扩展到太空,但从无人航天器的发射到载人飞行,这期间需要进行大量的有关人体生理变化方面的实验并积累经验,以确保航天员的生命安全。

【例3】 2021年10月16日0时23分,搭载神舟十三号载人飞船的长征二号F遥十三运载火箭,在酒泉卫星发射中心点火升空。中国神舟十三号载人飞船返回舱于2022年4月16日在东风着陆场成功着陆,在轨飞行183天,创造了中国航天员连续在轨飞行时间的最长纪录。期间3名航天员按照飞行手册、操作指南和地面指令进行工作和生活,并按计划开展有关科学实验。航天员在太空是如何生活的呢? 请回答下列问题:

(1)载人航天器在发射升空时,你认为航天员应采取____姿态,不宜采用直立姿势。

(2)航天食物都是流质的,是为了避免固体食物颗粒在失重条件下进入呼吸道影响③、④过程。③、④过程表示肺泡与外界的气体交换,该过程是通过____实现的。肺泡中的气体经过③排出身体时,胸廓容积____,肺处于____状态。(填"回缩"和"扩张")。此时航天员处于____(填"吸气"或"呼气")状态。

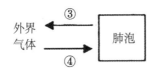

图4-10

(3)下图4-11的A、B、C 3项生理指标是对"模拟航天员"实验测量得到的,你认为哪项指标____(填字母)是正常的?

体液	胃液	唾液	血液	肠液	胰液
pH	0.9~1.5	6.8	7.4	7.7	8.0

A项:部分体液pH的变化

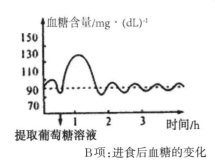

B项:进食后血糖的变化

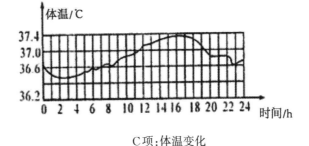

C项:体温变化

图4-11

(4)航天员在太空中面临着包括运动病、细菌感染、太空失明症、心理问题以及有毒尘埃在内的一系列健康威胁,航天员突患细菌性肺炎时,血液中的____细胞数量会增多,需服用_____消炎。

(5)由于在太空中的工作环境与地面有所不同,长期在太空中工作航天员容易出现骨质疏松症状,因此,回到地面后,航天员应适时补充___物质,这类物质属于无机盐营养物质。

解析 此题以太空实验为背景,主要考查推理能力和实验数据的处理能力。

(1)载人航天器在发射升空时,航天员如果采用直立姿势,由于加速度太大使人处于超重状态,人头部血液会流向下肢并淤积在下肢静脉,从而导致心脏输血量减少,动脉血压降低,脑部供血不足,轻则引起头晕、视物模糊、反应迟钝、操作准确度下降;重则意识丧失、完全失去控制飞船的能力,因此在发射和降落时航天员应采取平卧或斜躺姿态。

(2)肺与外界的气体交换是通过呼吸运动实现的,吸气时,肋间肌收缩,胸廓的左右径和前后径变大;膈肌收缩,胸廓的上下径变大,这时肺内压力小于外界大气压,外界的气体进入肺,完成④吸气运动;③呼气时正好相反,因此③、④过程是通过呼吸运动实现的。

(3)地面健康人体液的pH通常是:胃液为0.8～1.5、唾液6.6～7.1、血液为7.35～7.45、肠液为7.6～8.0、胰液为7.8～8.4;血糖含量在80～120mg·dL^{-1}范围内;体温在37℃左右,清晨2点～4点最低,14点～20点时最高,但体温的昼夜差别不超过1℃。结合图表分析可知:实验测得的A、B、C三项指标都在正常范围内。

(4)当人体内有炎症时,血液中的白细胞含量增加,白细胞具有免疫防御作用。通过服用抗生素类药物破坏细菌的细胞壁从而起到一定的疗效。

(5)当人体缺钙时,儿童易患佝偻病,中老年人患骨质疏松症。

答案 (1)平卧或斜躺 (2)呼吸运动 减小 回缩 呼气 (3)A、B、C (4)白 抗生素 (5)钙

4.有关宇宙飞船生态系统

航天员在太空长期工作,每天都需要食物、水和氧气。虽然运载火箭运力惊人,能把十几吨的货物运上太空,但装的绝大部分都是空间站部件以及各种观测、通信、实验器材,真正能分配到航天员生活所需要的生活用水、食物等非常有限。

【例4】 中国的航天人正在做一项实验,实验目的就是在小小植物舱内实现饮水、食物的自给自足。他们种小麦、种水稻及其他蔬菜,甚至还要饲养虫子作为食物,实验叫作太空舱人工生态系统密闭生存试验。中国科研人员挑战的目标是365天。若你是一名参与该项目的中国科研人员,请你尝试运用生态系统的知识,设计一个能更有利于航天员生存的宇航舱生态系统。

解析 此题是一道开放性试题,目的是考查学生在航天器这个新情景下应用生态学原理设计生态系统的能力。航天器离开地球到宇宙空间,可以将航天器看作一个密闭的大生

态瓶,其内部生态系统的结构、物质循环及能量流动,同样遵循生态系统稳定性原理。为了使航天员能够生存得更好,工作时间更长,必须建立一个稳定的小生态系统。

答案 在航天器内太阳光可以照射的地方培养一些适合航天员食用的绿藻,一可给航天员提供氧气,二可吸收航天员呼出的二氧化碳,三可给航天员提供一定的食物。对航天员的排泄物和绿藻的残体可采用微生物分解,分解后可再被绿藻利用。

参考文献

[1] 王树昌.航天育种原理与应用[J].热带农业科学,2010,30(10):51-55.

[2] 陈管兵,许庆.结合高中生物教材介绍太空育种[J].中学生物学,2004(4):7-8.

[3] 陈燕,徐墨涵,尹静.太空育种[J].生物学教学,2008,33(10):65-67.

[4] 郑桂荣."航天育种"漫谈[J].中学生物学,2006,22(12):10.

[5] 朱香英,黄定华.太空探索中的人类医学保障[J].科技导报,2021,39(11):21-29.

第五章 高中数学与航天

宇宙之大,粒子之微,火箭之速,化工之巧,地球之变,生物之谜,日用之繁,无处不用数学。

——华罗庚

数学是一切学科的基础,数学的应用体现在航天的各个环节:航天器的设计、卫星遥感通信、导航定位、航天测控……可以说,航天每一项技术的发展都是以数学为基础。

图5-1 我国自主研发的"天宫"系列空间站

(来源:兵团在线 www.btzx.com.cn)

高中数学课程中有许多知识与航天息息相关,如立体几何知识应用在机场、发射场建设,航天器、运载火箭、空间站、卫星的外形设计上;解析几何知识应用在导航定位上;解三角形知识应用在测绘上等。

航天技术的高速发展,离不开数学的力量。通过了解数学科学和我国航天飞速发展之间的相互作用,激发学习数学的兴趣,感悟数学的科学价值、应用价值、文化价值和审美价值,提升数学抽象、逻辑推理、数学建模、直观想象、数学运算、数据分析六个数学课程核心素养,形成理性思维和科学精神。

通过本章的学习,同学们将了解高中数学学科在航天中的应用,在航天中开展的数学研究,了解航天知识在高中数学学业水平考试中的体现。

第一节　高中数学知识在航天领域的应用

数学,是研究数量、结构、变化、空间以及信息等概念的一门学科,它被认为是进行科学研究的基础。在我国的各级教育中,按照接受能力、思考能力、理解能力的不同,在不同的学习阶段,都开设着与数学相关的科目,而高中数学在整体的数学学习中,发挥着承上启下的重要作用。社会的各行各业也非常广泛地应用着高中数学的相关知识,包括航天领域。

【学习目标】

1.了解航天领域中涉及的一些基本数学计算问题。

2.了解数学知识在航天领域提供的数据支持。

一、立体几何知识在航天航空领域中的应用

各种飞机,无论是战斗机还是运输机,喷气式还是螺旋桨式,也无论是亚音速的还是超音速的,它们的外形大同小异,基本上是由流线型的机身加上一对伸展的机翼组成。但是,航天器的外形却是各种各样的。仅仅以人造地球卫星为例,就有球形、圆锥形、圆柱形、球形多面体和多面柱体等许多形状。它们有的张着几块挺大的平板,有的伸出几根很长的细杆,有的简直奇形怪状。那么,大家有没有思考过它们为什么要被设计成这些形状呢?

1.运载火箭和卫星

卫星不像飞机可以自己飞行,而是被火箭送上天的,因此卫星的形状和运载火箭密切相关。运载火箭从大气层起飞,为了保护卫星在大气层内免受损害,卫星被装在火箭头部的整流罩内。当火箭穿出大气层之后,才把整流罩抛掉,露出约束在罩子里的卫星真面目。也就是说,卫星不用在大气层里飞行,直接"一步登天"进入太空,不受空气阻力的限制,所以卫星可以在太空中展现它们丰富多彩的结构形态。

2.运载火箭对卫星外形的限制

火箭一般是上细下粗的细长体,末级火箭头部整流罩的空间十分有限,所以,人造卫星的最大尺寸受火箭的影响很大。早期的火箭运载能力较小,要求卫星的结构重量要尽可能轻。所以那时的卫星大都做成球形,因为与其他形状相比,在同样的容积下,球形卫星外壳

的表面积最小,重量最轻。除此外,为了充分利用整流罩内的有限空间,早期有的卫星也做成与整流罩相似的圆锥形。随着航天技术不断发展,火箭的运载能力越来越强,卫星的功能也越来越复杂,人们需要用卫星来观测气象、探测资源,对卫星的形状提出了新要求。

3.旋转保持稳定

卫星升空之后,必须要完成一些复杂的任务,它的照相机、侦察设备或天线一定要对准地球才行。因此,科学家们发现,必须对太空中卫星的姿态进行控制,使卫星在空中保持我们想要的姿态,对准该对准的方向,才能更好地完成任务。

控制卫星姿态的方法很多,一种比较简单的姿态控制方法就是利用"自转稳定"。我们都知道,一个物体绕着固定轴旋转着,它的方向能保持不变。旋转速度愈高,定向性愈好。例如我们玩的陀螺、行走中的自行车等不容易倒,就是这个道理。科学家们发现,如果要卫星更好地靠自旋来保持方向固定,就应该让它有旋转体的外形。这就是为什么天空中的大部分卫星总是轴对称的圆柱形、多面柱体的主要原因之一。

4.运载火箭的外形

以长征二号F运载火箭为例,主要由四大部分组成,它们是一子级箭体、二子级箭体、助推器、整流罩和逃逸塔。一般都是薄壁壳体结构,用合金钢、铝合金、复合材料制成,形状有球形、椭球形或环球形。外壳内壁有浸胶石棉布隔热层。外壳外表面也涂有很薄的隔热层,以减小气动加热的影响。

如今,我国火箭的外形是这样确定的:首先,设计人员根据火箭的总体指标和要求,在与飞行弹道、发动机、飞行姿态的稳定控制和结构安装等专业人员协调后,设计出初步的外形方案。然后,通过大量专业人员的分析、计算,并进行风洞实验,将预测结果提供给相关的专业人员分析使用。相关专业人员如果发现问题,会对火箭外形进行修改。最后,经过一轮或多轮的迭代,确定满足总体性能要求的合理气动外形方案。

图5-2　长征二号F运载火箭

5.返回舱的三种外形

当航天员接到返回地球的命令时,就进入返回舱。推进舱点火,把返回舱以稍低于第一宇宙速度(7.9千米/秒)

的速度推向地球。在上升阶段,载人飞船是装在整流罩里的,不会和大气层接触。但返回阶段就不行了,必须接触大气层。假设某返回舱在距离地球外200千米处,以7.6千米/秒的速度进入大气层。这一速度下,每千克物质产生的动能为28880千焦,如果这些动能全部转化为热能,足以将30千克钢加热到2000℃!

这就是说,如果返回舱进入大气层时把所有能量全部转化为热能,并且全部传递给返回舱的话,整个飞行器会全部化为灰烬!同时,大气层里千变万化的气流使高速飞行的返回舱难以保持固定的姿态。因此必须把返回舱做成底大头小的不倒翁样子,这样才不会被掀翻。

这样限制后,科学家发现,让返回舱安全回到地面的首要办法,就是精心选择返回舱的几何外形,那就是轴对称的旋转体,如球形、锥体(像一个圆锥)和钟形(像一口大钟)。这三种形状的返回舱,可以将其与大气层摩擦产生热量的98%扩散掉,还能让返回舱以相对固定的姿态降落到地球上。

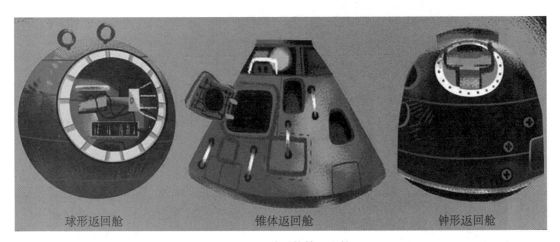

球形返回舱　　　　　锥体返回舱　　　　　钟形返回舱

图5-3　三种形状的返回舱

二、解三角形在航天航空领域中的应用

众所周知,传统的平面几何学通常只能讨论边与边、边与面积、面积与面积、角与角之间的数量关系,却无法讨论角和边、角和面积之间的数量关系。如果我们能够讨论角和边之间的数量关系,然后讨论边与面积之间的数量关系,我们就可以讨论角与面积之间的数量关系。解三角形,使许多具体几何问题的求解得以数量化。只要我们可以用式子表示出三角形边和角(或者边和面积)之间的数量关系,然后进行化简,就可以求解或者证明一些几何题,从而避免许多烦琐的辅助线。

1.地月距离

目前国际天文界认同的地月平均距离为384401千米。38万多千米,一颗速度为每秒

500米的炮弹,需飞行9天;每秒传播332米的声音,需传播13天。即使是光线,从月球到达地球,也得走1.25秒。这样遥远的距离是如何测量出来的呢?

1751年,法国的拉朗德和拉卡伊,用三角法精确地测量了地月距离。

三角法是测量队常用的一种方法,它能用来测量不能直接到达的地方的距离。比如,在一条奔腾咆哮的河的对岸有一建筑物,要想知道它到我们的距离,又不能游过河去,就可以用三角法测量。方法是在河这边选取两个基点,量出它们之间的距离(这两个基点之间的连线叫基线),然后在两个基点上分别量出被测目标同基线的夹角,就可计算出被测建筑物的距离。拉朗德和拉卡伊所用的正是这种方法,不过,由于天体都很遥远,用三角法测量天体时,基线要取得很长。拉朗德和拉卡伊选取柏林和好望角作基点。拉朗德在柏林,拉卡伊在好望角,同时观察月球。他们测得月球离地球是384400千米。

图5-4　三角法测量

2.100多亿光年的距离

近日,利用开普勒望远镜数据,天文学家又发现一颗与地球个头相仿的行星K2—229b。这颗行星距离地球2.6亿光年,即24万亿公里。以人们的日常经验来说,这是非常遥远的距离。而相对于半径137亿光年的可观测宇宙,行星K2—229b可以算得上是地球的近邻。宇宙这么大,天文学家是如何测量天体的距离的呢?

20世纪初雷达发明以后,通过发射无线电脉冲,然后接收其遇到物体后反射的回波,可以准确测量目标天体的距离。雷达测距法已成为测量太阳系内某些天体距离的基本方法之一。但是,当距离增大到一定水平时,电磁波就会很弱,无法有效返回。对于更远的天体,天文学家有更多、更奇妙的测距方法。

(1)光变周期是线索。

1784年,英国天文学家古德里克在研究仙王座恒星时,发现恒星大陵五的亮度会有规律地变化。他观察到大陵五的光度周期是5.37天。后来通过研究银河系中的恒星,天文家发现有一类恒星和大陵五相似,光度会周期性变化。它们的光变周期与其绝对亮度有很好的相关性:光变周期越长,绝对亮度越大。天文学家将类似的变星称为造父变星,并利用它们光度变化周期与光度的关系(周光关系)来测量它们的距离。

随着望远镜技术的发展,以哈勃空间望远镜为首的设备,可以观测到一些距离我们比较近的星系中的此类变星的亮度变化周期。利用周光关系,就可以计算这些变星的绝对亮度,并进一步比较准确地获得这些恒星所在星系与我们的距离。

如果把视线往更远处延伸,我们已经很难看到恒星所发出来的微弱光芒。天文学家找到了比恒星亮数十亿倍的天体:超新星。其中比较特殊的一类,即Ia型超新星由于特殊的爆发机制,具有大致相同的亮度,只是因为距离不同而看起来明暗不一。天文学家把它们作为标准烛光,测量更加遥远的距离。

(2)哈勃定律来帮忙。

天文学上最常用的测距方法,是测量天体发出谱线的红移。

生活中,我们会发现当火车向我们驶来时,火车的汽笛声会越来越尖锐;当火车离我们而去时,听到的声音越来越低沉。这是物理学上的多普勒效应。

当光源相对我们运动时,也会发生类似的现象。当光源离开观察点时,观察点所接收到的波源发出的波的波长会变长,也即红移;当光源接近观察点时,观察点所接收到的波源发出的波的波长会变短,也即蓝移。红移或蓝移的量,与光源相对我们的速度有关。20世纪20年代,美国天文学家埃德温·哈勃研究了银河系外星系的光谱,发现河外星系都存在谱线红移,并且星系距离和红移量成正比。这说明,所有星系都在远离我们而去。而根据哈勃定律,能从谱线的红移量,推算出这些天体与我们的距离。这种方法后来被广泛用于测量天体距离。而且原则上,可测量极遥远天体的距离,是天体物理中极其重要的"量天尺"。

(3)日食也能测距离。

要知道,测量地月之间的距离不仅仅是我们现代人才做得到,古代人一样可以做得到。所以,我们先来介绍一下古人的测量方法。

曾经有个叫作喜帕恰斯的古希腊天文学家,他发明了很多精巧的观测仪器。为了测量地月距离,他假定太阳光是平行光。然后通过在两个不同的地点对日全食进行观测,分别是在土耳其和亚历山大城。

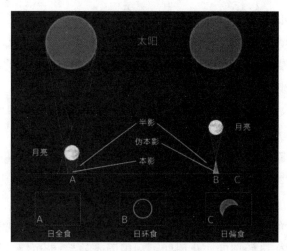

图5-5 日全食与日偏食1

在土耳其看到的是日全食的景象,而到了亚历山大城则观测到的是日偏食,其中月球遮挡住了五分之四的太阳面积。

图5-6 日全食与日偏食2

这就能够推算出月球的视差,所谓视差就是相距目标物较远的两个不同的观测点,观测这个目标物所产生的方向差异,两个观测点和目标物会构成一个夹角,也就是视差角。

有了视差就能构造出一个相似三角形,再利用平面几何的方法计算出地月距离是37万千米,可以说,这已经和我们目前测到的数值比较接近了。

(4)天琴计划。

中国也正在策划一个天琴计划,在这个计划当中,也有测量地月距离的任务,使用的也是激光测距。

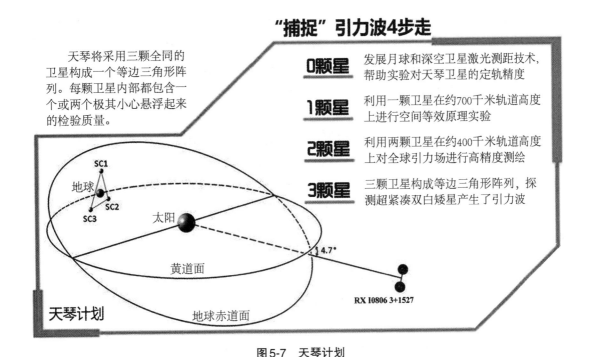

图5-7　天琴计划

在激光测距过程中,其实还有一些理论被证实,比如:科学家确认一个发现,那就是月球正在离我们远去,这个速度大概是每年3.8厘米。速度是很慢很慢的,我们根本不需要担心有一天看不到月球。

科学实践是无止境的,目前可以说,激光测量的精度是最准确的。但未来很有可能出现一些全新的技术来帮助科学家进行测量。

三、概率与统计在航天航空领域中的应用

在自然界和人类的日常生活中,随机现象非常普遍,比如每期福利彩票的中奖号码。概率论是根据大量同类随机现象的统计规律,对随机现象出现某一结果的可能性作出一种客观的科学判断,并作出数量上的描述;比较这些可能性的大小。数理统计是应用概率的理论研究大量随机现象的规律性,对通过科学安排的一定数量的实验所得到的统计方法给出严格的理论证明,并判定各种方法应用的条件以及方法、公式、结论的可靠程度和局限性,使人们能从一组样本判定是否能以相当大的概率来保证某一判断是正确的,并可以控制发生错误的概率。

概率统计理论与方法的应用几乎遍及所有科学技术领域、工农业生产和国民经济的各个部门中。其中的一项就是:电子系统的设计、火箭卫星的研制与发射都离不开可靠性估计。

对于一个随机事件来说,它在一次随机试验中可能发生,也可能不发生。我们常常希望知道某些随机事件在一次随机试验中发生的可能性究竟有多大。

我们希望找到一个合适的数来表示特定随机事件在一次随机试验中发生的可能性大小。为此,首先引入频率的概念,它描述了随机事件发生的频繁程度,进而引出表征随机事件在一次随机试验中发生的可能性大小的数——概率。

同样以运载火箭发射任务为例,以上内容可以表述为:"采用某型现役运载火箭在特定发射场实施一次航天发射活动并取得成功"这一随机事件在一次发射任务中,有可能发生——即任务成功,也有可能不发生——即任务失败或部分成功。而我们希望找到一个合适的数来表示在一次发射任务中"发射成功"这一随机事件的可能性。

1. 频率

以下引自"百度百科"——截至2020年3月9日……长征系列运载火箭已进行327次发射,发射成功率达95.41%。

经过记录查询,计算长征系列运载火箭发射成功率的基本数据是327次发射,其中312次成功,15次失败,发射成功率计算为312/327≈95.41%。

是不是有个感觉,这个发射成功率的计算过程,和随机事件的频率计算好像啊!

如果将长征系列运载火箭实施发射任务作为随机试验,该随机试验的可能结果只有"成功"和"失败"两种(这个靠我们人为定义,为计算方便,很多时候,我们把随机试验的样本空间定义成只有两个结果状态)。

接下来我们会发现:"长征系列运载火箭实施发射任务并取得成功",这个事件在该随机试验中,构成了一个随机事件(样本空间的一个子集,另一个是"发射任务失败")。

该随机事件在 n 次随机试验中出现的次数称为该随机事件的频数 n_A,那么"长征系列运载火箭实施发射任务并取得成功"这个随机事件在327次"长征系列运载火箭实施发射任务"这个随机试验中出现了312次,即其频数 n_A 为312,那么该随机事件在该327次随机试验中发生的频率记为 $f_n(A)=n_A/n=312/327≈95.41\%$。

怎么样,很严谨吧!我们所说的发射成功率,在专业上,其实就是"发射成功"事件的频率,当然,这个还是要加上发射总次数的限定条件的。

当然,从专业上还有个最关键的问题没有解决,"长征系列运载火箭实施发射任务"这个是随机试验吗?这个是最严谨的问题,以后会详细讨论。现在,我们假定它是。

有了频率这个参数,就能够表达"随机事件在一次随机试验中发生的可能性究竟有多大"了。现实中,我们在大多数情况下也是这么用的,有什么问题吗?

在航天工程中,我们计算运载火箭发射成功的可能性大小,其主要目的是风险决策。

比如,假设运载能力相当,在选择运载火箭型号执行任务时,到底选哪一型比较好呢?决策依据之一,就可以是"哪一型火箭的成功可能性大"。

假设有一型较为成熟的A型运载火箭,前期已经发射66次,成功62次,失败4次,发射成功率为62/66≈93.94%;此时,另一个B型运载火箭已发射8次,全部成功,发射成功率为100%。按照发射成功率进行比较选型,我们应该选择B型,但是,有经验的工程决策者可能不这么想。

另一个典型的例子是:假设有一新型运载火箭首飞成功了,那么按照发射成功率计算,该型火箭发射成功事件的频率是100%,按照这个频率的指标,我们认为它执行下次任务成功的可能性就是100%。

显然新型火箭只执行一次成功的飞行任务不能代表其成功可能性达到了100%。另一方面,如果在执行第二次飞行任务时,出现了失利,此时,我们计算的成功率则会降为50%。如果运载火箭在这两次发射之间没有变化,意味着我们对于同一个随机事件的发生可能性估计是变化的。如果不能给这样的结果一个合理的解释,工程人员以后就不会再相信这种可能性估计的结果了(目前工程中的现实情况其实就是这样的,以后还有详细讨论)。

总结起来,用随机事件在随机试验中计算出的频率,作为衡量该随机事件发生可能性大小的参数,会存在对事件可能性描述不严谨、可能性结果的随机波动性较大等问题。

2. 概率

通过专业的随机试验(多次重复同一试验),人们发现当随机试验的数量达到足够多的时候,特定随机事件的发生频率的波动会逐渐减小而趋近于一个稳定的常数,例如,历史上有多人实施了多次的抛硬币试验,获得的数据如表5-1所示。

表5-1　抛硬币实验数据

实验者	总试验次数n	正面向上的次数n_A	正面向上事件的频率n_A/n
德·摩根	2048	1061	0.5181
蒲丰	4040	2048	0.5069
K.皮尔逊	12000	6019	0.5016
K.皮尔逊	24000	12012	0.5005

当随机试验次数足够大时,试验结果所表现出的这种"频率稳定性"即通常所说的统计性规律,不断地为人类的实践所证实,它揭示了隐藏在随机现象中的规律性。我们用这个频率稳定值来表示事件发生的可能性大小是合适的。而这种在大数量随机试验条件下,特定随机事件发生频率趋向的稳定常数,就是我们日常所说的概率(严格地讲,这是对概率的一种最为常见解释)。

3. 小结

在大多数情况下,我们认为任何一个随机试验中的随机事件都会具备一个固定的发生可能性,而这种可能性称为该随机事件的发生概率,它可以通过接近无穷多次的随机试验表现出来。而如果在少量的随机试验中,所表现出的随机事件发生的频率,将会围绕该随机事件的概率上下波动。

也就是说,对于"采用某型现役运载火箭在特定发射场实施一次航天发射活动"这一随机试验,"采用某型现役运载火箭在特定发射场实施一次航天发射活动并取得成功"是它的一个随机事件,该随机事件一定存在一个表征其发生可能性的常数,称为"采用某型现役运载火箭在特定发射场实施一次航天发射活动并取得成功"的概率,简称"任务成功概率"。而在少量次数的发射任务中,发射任务成功的占比,即任务成功率或任务成功频率,将围绕其概率上下波动。

在专业上,任务成功率(频率)和任务成功概率是不一样的,两者既有联系又有区别。

在工程中,使用概率表示某随机事件的可能性,相对于频率参数而言,更为严谨和稳定。

第二节　在航天领域开展的数学研究

【导言】

从古至今,"嫦娥奔月"的故事广为流传,大人们指着天上的明月逗着孩童们说:看呀看呀,月亮上有一只小兔子呢,还有一个仙女,叫嫦娥,住在广寒宫里呢。西汉时期的刘安在《淮南子·览冥训》中写道:"羿请不死之药于西王母,姮娥窃以奔月,怅然有丧。"明月高悬,古人抬头仰望星空,对月亮充满好奇,发出无限遐思,于是有了嫦娥奔月、广寒宫、玉兔、桂树这些传说,寄托了古人对太空的美好向往。不仅仅是古人,我们也常常会想:遥不可及的月亮距离我们究竟有多远呢?

历史上最早进行地月距离测量的人是喜帕恰斯(约前190—前125)。喜帕恰斯是古希腊最伟大的天文学家,他的卓越贡献是创立了球面三角这个数学工具,使古希腊天文学由定性的几何模型变成定量的数学描述,使天文观测有效地进入宇宙模型之中。喜帕恰斯经过长期的天文观测和对前人观测资料的分析,在天文学上作出巨大贡献,其中就包括运用三角学方法计算出月地距离和地球半径的关系。

当然,随着时代的进步,科学技术在快速发展,科学家们也发现了更加先进、更加精准的测量距离的方法,目前测量的地月平均距离是384401千米。

【思考与讨论】

1. 你们知道哪一种测量地月距离的办法?
2. 你们知道喜帕恰斯运用的三角学知识是高中所学的哪些知识吗?

【学习目标】

1. 了解测量地月距离中的一些数学知识。

2. 感受数学与天文学发展的联系。

3. 培养严谨认真、大胆探索的科学精神。

一、天文学的诞生

"天地玄黄,宇宙洪荒。日月盈昃,辰宿列张。寒来暑往,秋收冬藏。闰余成岁,律吕调阳。"这是千字文的开头几句,古人仰望天空,观日月星辰,飞天之梦自古有之,相关的诗词歌赋数不胜数。与此同时古人日复一日,年复一年对天象作出观测与记录,结合理论与实践,长此以往便有了天文学的诞生。

那什么是天文学呢? 天文学(Astronomy)是研究天体和其他宇宙物质的位置、分布、运动、形态、结构、化学组成、物理性质及其起源和演化的学科。自有人类文明史以来,天文学就有重要的地位。

二、古希腊天文学家的成就

人们对日月星辰充满向往与好奇,地球是什么形状? 地球有多大? 月亮离我们有多远,太阳比月亮大还是比月亮小? 无数古人为了研究清楚这些问题,为之付出许多心血,想出很多办法。大约在两千多年前,古希腊的几位天文学家就找到了计算日地距离、地月距离,以及太阳和月球大小的办法,接下来我们将介绍这些天文学家的工作。

古埃及的天文学家通过观测天象计算出尼罗河的汛期从而知晓合适的农耕时间;中国古代的"巫"通过观天象进行吉凶占卜,有许多民族都是这样,由于某种目的进行天文观测。而古希腊的天文学家们不同,他们带着一种超然的心态,无忧无虑地观察天象,冥思苦索,追求事物深层的解释,试图探索宇宙的本质。

1. 地球是个球形

首先要提到的是古希腊的亚里士多德(Aristotle,前384—前322),证明了地球是个球形。亚里士多德是古希腊哲学的集大成者,师承柏拉图,被誉为百科全书式的哲学家,同时,还是许多学科的创始人,如伦理学、政治学、物理学、逻辑学,等等。他在亚历山大城让学生去南方比较远的一个城市,两人在同一天的正午,通过"立竿见影"的办法计算出太阳的高度。不难想到,如果地面是平的,那么两地测出的太阳高度相同;而结果不相同,那么据此可以计算出地球的圆度和大小。最终亚里士多德也凭此算出了在当时来说很精确的地球半径。

图5-8　亚里士多德

图5-9　阿里斯塔克

2. 三角学知识测距离

接下来，古希腊天文学家阿里斯塔克（Aristarchus，约前310—约前230）求出了地月距离和地日距离的关系。他曾经提出了亚历山大里亚时期最有独创性的科学假说。他是历史上最早提出日心说的人，认为地球每天在自己的轴上自转，每年沿圆周轨道绕日一周，太阳和恒星都是不动的，而行星则以太阳为中心沿圆周运转，这是古代最早的朴素日心说思想。阿里斯塔克是古希腊著名的天文学家，因为历史悠久，他的著作大部分都已经丢失，现在仅存《论日月的大小和距离》一本书。阿里斯塔克想了几种办法，用于测量日、月、地三者大小和距离。

首先，用上弦月或下弦月测量地月距离与地日距离之比。那什么是上弦月和下弦月呢？简单来说，当月球只有一半被照亮时，我们在地球上就看到一个半圆形的月亮，人们把此时的月亮称为弦月，当弦月的样子接近字母"D"时，就是上弦月；当弦月的样子接近反着的字母"D"时，是下弦月。

根据几何关系，当我们在地球上看到月球是弦月时，月球的明暗交界线与月地方向的连线是一致的。我们知道月球本身是不发光的,因为太阳光照射在月球的表面上反射而发光。所以出现弦月时,日月的连线与地月的连线互相垂直。现记日月方向和日地方向之间的夹角为∠A。那么只需要测得∠A的大小,那么就可以通过三角形的三个角的大小求出三条边的关系了。(想一想这里阿里斯塔克用到了什么数学知识?)

阿里斯塔克的思路不仅正确,而且简洁,但是困难之处在于精确地测算出弦月时∠A的大小。当时的阿里斯塔克对∠A的估值为87°,由此计算出地日距离是地月距离的20倍(经过后来人们的精确测量,∠A是89.85°,从而计算出地日距离是地月距离的395倍左右)。虽然阿里斯塔克对角度的估值出现了问题,但是他是天文学发展历史中首位将三角学的知识运用到测量天体距离中去的,开创了天文历史发展之先河。

3. 地球的半径

图5-10 埃拉托色尼

几年之后,古希腊的另一位数学家埃拉托色尼(Eratosthenes,约前276—前194)测量了地球的周长。他是阿基米德的朋友,也和亚里士多德一样是一个具有广泛兴趣的人。他不仅是著名的天文学家和数学家,而且还是地理学家、历史学家,甚至还涉猎文学评论。

埃拉托色尼发现,每年夏至这一天,在埃及的锡恩这座城市,中午的太阳光与地球表面相垂直。但是,在锡恩北方800千米远处的另一座城市亚历山大城(亚历山大城和锡恩两座城市的经度接近),同一个时间太阳光与垂直地面的木杆会形成一个7.2°的角度。由此可算出地球周长是800÷(7.2÷360)=40000千米,所以可以求出地球的半径为40000÷3.14÷2≈6369千米(当今测量的数据:地球赤道半径6378.137千米,极半径6356.752千米,平均半径约6371千米,赤道周长大约为40076千米)。

图5-11　喜帕恰斯

4. 地月距离测算

又过了数十年,天文学家喜帕恰斯(约前190—前125)求出了地月距离和地球半径的关系。喜帕恰斯通过观察日全食求出来日月半径的关系。当时发生了一次日全食,人们在土耳其附近看到了日全食(月亮完全挡住了太阳);但是在经度接近而纬度不同的亚历山大城,人们只看到日偏食,月亮最多遮住了太阳的五分之四。由此,喜帕恰斯通过三角形三边长和角度的关系,求得月球的半径约为地球半径的三分之一,地月距离是地球半径的60.5倍。

结合前面埃拉托色尼测算地球半径6369千米,我们可以得到月球半径约为2123千米,地月距离约为385324.5千米。现在知道的月球半径是1737.10千米,地月距离是384401千米,两组数据之间虽然有差距,但是喜帕恰斯测量的数据也为人类探知宇宙作出巨大贡献。

因此早在古希腊时期,人类就通过观察与思考,知道了太阳、月球和地球的距离和它们的半径这些关键信息了。其中数学中的三角函数知识发挥了重要作用。

【思考与讨论】

通过上面的阅读材料,选择一位天文学家作出的贡献,建立合适的数学模型,写出关系式。

三、天文学的发展

天文学的概念源自星占学,在历史上天文学家和占星家都指观测天体运行的人,在中国历史很长时间人们通过占卜天象而问事吉凶,到了近代,天文学的概念才从星占学中分离出来,正式成为一门自然科学。

古埃及人通过观测太阳、月亮和星星的运动,在长期的实践中,可以预测出尼罗河泛滥的时间,为古埃及人安排农作耕种提供时间参考;测算出一年365日,这就是现今阳历的来源;利用天文测量确定正北方向,建成世界闻名的金字塔,其四面指向东南西北。

远在公元前3000年前苏美尔人在幼发拉底河和底格里斯河流域建立国家,通过长期的星象观察,将天上的亮星连接,描绘成各种各样动物和人的形象,划分了白羊、金牛、双子、巨蟹、狮子、室女、天秤、天蝎、人马、摩羯、宝瓶、双鱼十二个星座,这就是现今星座的由来。

古代希腊天文学总结了许多世代以来天象观测的结果,概括了古代人们对天体运动的认识,并力图建立一个统一的宇宙模型去解释天体的复杂运动,这种尝试在人类进步史上,是有一定积极意义的。自然哲学家泰勒斯推测地球是一个球体;数学家毕达哥拉斯主张太阳、月球、行星遵循着和恒星不同的路径运行;另一位伟大的学者德谟克里特认为万物都是由原子组成的,他还推测出太阳远比地球庞大,月球本身并不发光,靠反射太阳光才显得明亮,银河是众多恒星集合而成的。

我国古代天文学从原始社会就开始萌芽了。我国古代天文学的成就大体可归纳为三个方面,即天象观察、仪器制作和编订历法。

公元前24世纪的帝尧时代,就设立了专职的天文官,专门从事"观象授时"。早在仰韶文化时期,人们就描绘了光芒四射的太阳形象,进而对太阳上的变化也屡有记载,描绘出太阳边缘有大小如同弹丸、成倾斜形状的太阳黑子。

汉朝开始,中国天文学的发展加快,如圭表、漏壶、极限大仪、平悬浑仪、平面日晷等仪器。张衡发明浑天仪正是其代表。宋元时期,中国古代天文学进入了其顶峰时期,高度发达的经济支持着天文学的发展。大型天文仪器的使用(如苏颂的水运仪象台)展示了中国人的超凡技术,数据的精度亦提高到和现代数值相差无几的惊人程度。

同时古人勤奋观察日月星辰的位置及其变化,主要目的是通过观察这类天象,掌握它们的规律性,用来确定四季,编制历法,为生产和生活服务。由祖冲之创制的《大明历》,最早将岁差引进历法;采用了391年加144个间月的新闰周;首次精密测出交点月日数(27.21223),回归年日数(365.2428)等数据,还发明了用圭表测量冬至前后若干天的正午太阳影长以定冬至时刻的方法。区分了回归年和恒星年,首次把岁差引进历法,测得岁差为45年11月差一度(今测约为70.7年差一度),定一个回归年为365.24281481日(今测为365.24219878日)。我国古代历法不仅包括节气的推算、每月的日数的分配、月和闰月的安排等,还包括许多天文学的内容,如日月食发生时刻和可见情况的计算和预报,五大行星位置的推算和预报等。

【思考与讨论】

1. 你们认为古人研究天文学的原因是什么?

2. 你们能说出哪些现象与天文学有关吗?

四、激光测地月距离

月球激光测距是在1962—1963年激光技术问世不久后着手试验的。最初只能接收月球天然表面进行漫反射的激光回波,但是由于回波的波形无法缩窄,同时加以地面仪器设备不够完善,导致测距精度很低。1969年7月,美国进行第一次载人登月飞行,阿波罗11号登上月球,航天员在月球表面安放了第一个供激光测距用的光学后向反射器装置。它的大小为46厘米见方,上面装有100个熔石英材料的后向反射器,每个直径为3.8厘米。这种反射器实际上是一个光学的四面体棱镜。它有一个很有用的特性:当一束光线从第四面射入,经过三个直角面依次反射后,仍从第四面射出,这一特性能保证反射光信号沿原发射方向返回地面测站,使回波强度大大增加。这样,利用面积很小的反射器组合就可以使地球收到激光回波,而且波形不会因此变宽,因而可以达到很高的测距精度。后向反射器的应用,使月球激光测距的精度大大提高。

在过去的几十年中,人类通过登月航天器在月球的表面上放置了多个角反射镜。这包括美国的阿波罗11号、阿波罗14号、阿波罗15号;苏联的月球17号(月球车1号)和月球21号(月球车2号)等。在这些人工仪器的帮助下,地面测距系统也日趋完善,地月距离的测量精度已经可以达到毫米量级。这帮助人们更好地了解月球轨道的演进,并进而推断月球的构造。

五、实践与探究

我们大家都知道,地球和太阳系中其他行星差不多在同一平面上围绕太阳旋转。在地球上观察天体与太阳的位置相差180度,即天体与太阳各在地球的两侧的天文现象,相对于冲日的现象为合日。所谓行星冲日,是指地外行星运行到与太阳、地球形成一条直线的状态。一般来讲,冲日时,行星最亮,也最适宜观测。2012年3月4日火星冲日,中国各地乃至北半球大部分地区都可看到。火星冲日是火星与太阳的方位相反。冲日那天,太阳西落,火星东升,火星整夜可见。

在上面我们引出了冲的概念,下面我们为了更好地研究冲来介绍一种研冲和大冲最方便的方法——钟表法:不妨假设时针和分针相重合时就是冲。那么12小时中有多少次冲?

我们知道分针一小时走360°(即2π),时针走30度(即$\frac{\pi}{6}$),从12点整开始,走了t小时后,分针和时针的角度差是$(2\pi-\frac{\pi}{6})t$。

如果分针与时针相重合,那么此时角度差应当是2π的整数倍,也就是说,要求出那些t满足:$(2\pi-\frac{\pi}{6})t=2n\pi$($n\in Z$且$0<n\leqslant 12$)。所以$t=\frac{12}{11}n$($n\in Z$且$0<n\leqslant 12$),那么在12小时

中共有12次冲。

【思考与讨论】

1. 我们知道地球绕太阳一周需要365.25天,火星绕太阳一周需要687天,请根据钟表法来研究冲的情况。

2. 试分析在钟面上是否可能存在三针(时针、分针和秒针)重合的情况。

【课后练习】

1. 一次从地球上向月球发射激光信号,约经过2.56秒收到从月球反射回来的信号。已知光速是30万千米/秒,算一算这时月球到地球的距离是多少?

2. 日晷是中国古代用来测定时间的仪器,利用与晷面垂直的针投射到晷面的影子来测定时间。把地球看成一个球(球心记为O),地球上一点A的纬度是指OA与地球赤道所在平面所成角,点A处的水平面是指过点A且与OA垂直的平面,在点A处放置一个日晷,若晷面与赤道所在平面平行,点A处的纬度为北纬$40°$,则晷针与点A处的水平面所成角为( )。

图5-12 日晷

A.$20°$ B.$40°$ C.$60°$ D.$90°$

3. 月球距离地球大约384000千米,宇宙飞船的速度约为7300米/秒,如果乘坐此飞船从地球飞到月球,需要飞行多少小时?

4. 如果地球的平均半径约为6369千米,月球半径约为1737千米,请问地球与月球的半径比是多少? 地球的体积是月球体积的多少倍(结果取整数)?

【参考答案】

1. 答案:38.4万千米

解析:月球到地球的距离=2.56×30÷2=38.4万千米。

2. 答案:B

解析:如图5-13所示,作出地球的截面,其中CD是赤道所在平面的截线;l是点A处的水平面的截线,AB是晷针所在直线。依题意,晷面和赤道平面平行,晷针与晷面垂直,根据平面平行的性质定理可得$m/\!/CD$,根据线面垂直的定义可得$AB\perp m$,由于$\angle AOC=40°$,$m/\!/CD$,所以$\angle OAG=\angle AOC=40°$,由于$\angle OAG+\angle GAE=\angle BAE+\angle GAE=90°$,所以$\angle BAE=\angle OAG=40°$,即晷针与点$A$处的水平面所成角为$\angle BAE=40°$。故选B。

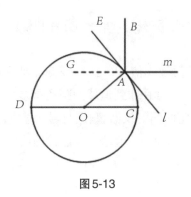

图5-13

3.答案:14.6小时。

解析:$384000\times 1000\div 7300\approx 52603$秒$\approx 14.6$小时。

4.答案:半径比为11:3;49倍。

解析:(1)半径比$R_1:R_2=6369:1737=11:3$。

(2)由球的体积公式$V=\dfrac{4}{3}\pi R^3$,可得$\dfrac{V_1}{V_2}\approx 49$,所以地球体积大约是月球体积的49倍。

六、相关阅读材料

1.月球

图5-14

月球是地球唯一的天然卫星,月球的直径是地球平均直径的1/4,质量只是地球的1/81,引力是地球的1/6,可能形成于约45亿年前,在地球形成后不久,有关它的起源有几种假说,得到更多事实证据支持的说法是它形成于地球与火星般大小的天体——"忒伊亚"之间一次巨大撞击所产生的碎片,在地球外围聚集而形成的"大碰撞起源说"。

月球正面大量分布着由暗色的火山喷出的玄武岩熔岩流充填的巨大撞击坑,形成了广阔的平原,称为"月海",实际上"月海"中一滴水也没有。月海的外围和月海之间夹杂着明亮的、古老的斜长岩高地和显目的撞击坑。它是天空中除太阳之外最亮的天体,尽管它呈现非常明亮的白色,但其表面实际很暗,反射率仅略高于旧沥青。由于月球在天空中非常显眼,再加上规律性的月相变化,自古以来就对人类文化如神话传说、宗教信仰、哲学思想、历法编制、文学艺术和风俗传统等产生重大影响。

月球的自转与公转的周期相等(称为潮汐锁定),因此月球始终以同一面朝向着地球。地球海洋潮汐的产生主要是由于月球引力的作用。由于地球海洋的潮汐作用力与地球自转的方向相反,地球的自转总是受到一个极其微弱的作用力在给地球自转"刹车",长期积累下来,有充分的证据表明,地球的自转周期越来越慢,一天的时间极其缓慢地增长,大约几年增加1秒;由于地球的反作用力,使月球缓慢地距离地球越来越远,每一年远离地球大约3.8厘米。月球与太阳的大小比率与距离的比率相近,使得它的视大小与太阳几乎相同,在日食时月球可以完全遮蔽太阳而形成日全食。

2.日晷

图5-15　日晷

日晷名称是由"日"和"晷"两字组成(亦称日规)。"日"指"太阳","晷"表示"影子","日晷"的意思为"太阳的影子"。因此,所谓日晷,就是在白天利用晷表的投影在平面上的方向变化,从而测定一天时间的仪器,通常由铜制的指针和石制的圆盘组成。

日晷计时的原理是这样:在一天中,被太阳照射到的物体投下的影子在不断地改变着,第一是影子的长短在改变,早晨的影子最长,随着时间的推移,影子逐渐变短,一过中午它又重新变长;第二是影子的方向在改变,因为我们在北半球,早晨的影子在西方,中午的影子在北方,傍晚的影子在东方。从原理上来说,根据影子的长度或方向都可以计时,但根据影子的方向来计时更方便一些。故通常都是以影子的方位计时。由于日晷必须依赖日照,不能用于阴天和黑夜。因此,单用日晷来计时是不够的,还需要其他种类的计时器,如水钟,来与之相配。

3. 数列中的天文发现

图5-16　太阳系八大行星示意图

1766年,德国天文学家波德在家闲坐着时,发现了一个有趣的规律,他发现:当他对$0,3,6,12$……这个数列的每一项做一个简单的计算——$(n+4)/10$,就会得到$0.4,0.7,1,1.6$……的新数列。而巧合的是,这个新数列竟然恰好和当时太阳系所有行星以天文单位计算的轨道半长轴非常吻合!比如水星,距离太阳5800亿公里,大约是0.386个天文单位;金星距离太阳1.082亿公里,大约是0.72个天文单位;地球不必说,就是1个天文单位;火星距离太阳2.28亿公里,大约是1.52个天文单位,也比较接近;木星距离太阳是5.2个天文单位。他最终得出了一个结论:各大行星的轨道按照天文单位来计算,基本符合一个数列:$A=0.4+(3\times2^n)/10$。这里,n的取值依次是$0,1,2$……

可是,问题尴尬了,因为火星是第四颗行星,没有问题,木星却要取数字4才符合数据,那么,n取数字3的情况怎么不见了?一直到1781年,英国天文学家赫歇尔发现了天王星,仍然比较符合这个数列的排布。由此,科学家推测,在n取数字3,也就是$A=2.8$的位置,还有一颗未知的天体。于是,全世界所有的天文学家都把望远镜对准了距离太阳2.8个天文单位的地方,试图寻找那颗潜在的天体。

1801年,天文学家皮亚齐在望远镜中,偶然发现了一颗很小的天体。这个天体所处的位置,恰好就是距离太阳大约2.8个天文单位处,而且运动幅度比较大。由此可以确定,这很可能就是传说中的那颗行星。可是,就在这个时候,皮亚齐病倒了,没有继续观测。等他痊愈的时候,这颗星星不知道跑到哪里去了。

就在他一筹莫展的时候,数学王子高斯站了出来。高斯相信,天文和数学有着分不开的关系,不论是开普勒行星定律还是牛顿的万有引力,都是以数学为基础的。高斯提起笔来,利用自己的智慧,创立了一种全新的计算行星轨道的理论。然后,利用这个理论,高斯预言了这颗行星将会在什么时间出现在什么位置。

1801年12月31日,德国天文爱好者奥博斯在高斯预言的时间,果然也在他预言的位置发现了这颗行星,填补那个数列的空白,这就是著名的谷神星。

然而,天文学家们在对谷神星进行观测后发现,这颗星球实在太小了,直径仅有不到1000千米。别说和太阳系行星比,连月球都比它大好几倍。科学家对此表示了遗憾,认为谷神星只是个意外,不够资格作为大行星,并因此建立了小行星的概念。

在45年后,天文学家又发现了海王星。而海王星的轨道,已经不符合最初那个数列了。由此我们也可以知道,这个数列或许只是个巧合,利用它来寻找行星,不过是取乐子而已,并没有太多科学根据。

参考文献

[1]本刊编辑部.航天史中的数学连载11[J].课堂内外,2019(9).

[2]张梦然.美宇航局激光射月测地月距离[N].科技日报,2010-09-22(2).

[3]赵之珩,猷洪.古希腊天文学家喜帕恰斯的故事[J].百科探秘,2021(10):35-37.

第三节　高中数学学业水平考试中的航天知识

高中数学在整个数学学习中发挥着承上启下的作用,社会各行业也较为广泛地应用着高中数学的相关知识,包括航天行业。

一、航天行业中立体几何应用

在航天行业中,涉及许多特殊零件的制造,比如飞机的喷气设备、火箭的箭身等,需要计算体积、面积等。需要构建立体几何模型,运用立体几何知识解决。

【例1】　球面几何是几何学的一个重要分支,在航海、航空、卫星定位等方面都有广泛的应用。如图5-17,A、B、C是球面上不在同一大圆(大圆是过球心的平面与球面的交线)上的三点,经过这三点中任意两点的大圆的劣弧分别为$\overparen{AB}$、$\overparen{BC}$、$\overparen{CA}$,由这三条劣弧组成的图形称为球面$\triangle ABC$。已知地球半径为R,北极为点N,P、Q是地球表面上的两点。若P、Q在赤道上,且经度分别为东经40°和东经80°,则球面$\triangle NPQ$的面积为_____;若$NP=NQ=PQ=\dfrac{2\sqrt{6}}{3}R$,则球面$\triangle NPQ$的面积为_____。

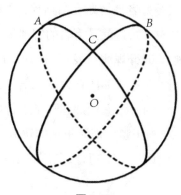

图 5-17

分析　利用 P、Q 所在的经度求出球面三角形 PNQ 面积,再利用已知可得 $\triangle PNQ$ 为等边三角形,进而可以求解。

解　P、Q 在赤道上,且经度分别为 $40°$ 和 $80°$,上半球面面积为 $\frac{1}{2} \times 4\pi \times R^2 = 2\pi R^2$,

球面 $\triangle PNQ$ 面积为 $\frac{40°}{360°} \times 2\pi R^2 = \frac{2\pi R^2}{9}$,当 $NP = NQ = PQ = \frac{2\sqrt{6}R}{3}$ 时,$\triangle PNQ$ 为

等边三角形,根据题意构造一个正四面体 $N-PQS$,如图 5-18 所示:

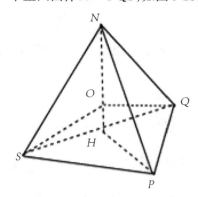

图 5-18

其中心为 O,O 是高 NH 的靠近 H 的四等分点,

则 $\cos \angle NOQ = -\cos \angle HOQ = -\dfrac{OH}{OQ} = -\dfrac{OH}{ON} = -\dfrac{1}{3}$,

由余弦定理可得: $\cos \angle NOQ = \dfrac{ON^2 + OQ^2 - QN^2}{2ON \cdot OQ} = \dfrac{2R^2 - QN^2}{2R^2} = -\dfrac{1}{3}$,

解得 $QN = \dfrac{2\sqrt{6}}{3}R$,正好为题目所给长度,所以球面 PNQ 的面积为 $S_{\triangle PNQ} = \dfrac{1}{4} \times$

$4\pi R^2 = \pi R^2$,故答案为: $\dfrac{2\pi R^2}{9}$;πR^2。

【例2】　北京大兴国际机场的显著特点之一是各种弯曲空间的运用。刻画空间的弯曲性是几何研究的重要内容。用曲率刻画空间弯曲性,规定:多面体顶点的曲率等于2π与多面体在该点的面角之和的差(多面体的面的内角叫作多面体的面角,角度用弧度制),多面体面上非顶点的曲率均为零,多面体的总曲率等于该多面体各顶点的曲率之和,例如:正四面体在每个顶点有3个面角,每个面角是$\frac{\pi}{3}$,所以正四面体在各顶点的曲率为$2\pi-3\times\frac{\pi}{3}=\pi$,故其总曲率为$4\pi$,则四棱锥的总曲率为_____。

图5-19　北京大兴国际机场

分析　由题意可知,四棱锥的总曲率等于四棱锥各顶点的曲率之和,可以从整个多面体的角度考虑,所有顶点相关的面角就是多面体的所有多边形表面的内角的集合。

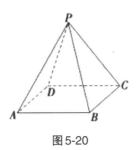

图5-20

解　由图5-20可知四棱锥有5个顶点、5个面,其中4个三角形,1个四边形,所以四棱锥的表面内角和由4个为三角形,1个为四边形组成,所以面角和为$4\pi+2\pi=6\pi$,故总曲率为$5\times2\pi-6\pi=4\pi$。

故答案为:4π。

【例3】　无人侦察机在现代战争中扮演着非常重要的角色,我国最新款的无人侦察机名叫"无侦-8"。无侦-8(如图甲所示)是一款以侦察为主的无人机,它配备了2台火箭发动机,动力强劲,据报道它的最大飞行速度超过3马赫,比大多数防空导弹都要快。如图乙所示,已知空间中同时出现了 A、B、C、D 四个目标(目标和无人机的大小忽略不计),其中 $AB=2\sqrt{6}\,a\,\mathrm{km}$,$AD=2\sqrt{3}\,a\,\mathrm{km}$,$BC=CD=BD=6a\,\mathrm{km}$,$a>0$,且目标 A、B、D 所在平面与目标 B、C、D 所在平面恰好垂直,若无人机可以同时观察到这四个目标,则其最小侦测半径为_____km。

图甲

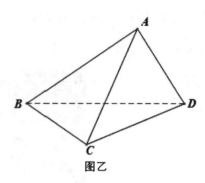

图乙

图 5-21

分析 由已知当无人机在三棱锥 $A\text{-}BCD$ 的外接球球心 O 处时,侦测半径最小,且最小半径为球 O 的半径 R,棱锥 $A\text{-}BCD$ 的外接球的球心 O 在平面 BCD 上的射影就是正三角形 BCD 的外接圆圆心,记为 O_1,连接 OO_1,O_1B,运用面面垂直的性质和勾股定理建立方程组可求得外接球的半径得答案。

解 如图所示,三棱锥 $A\text{-}BCD$ 的外接球的球心 O 在平面 BCD 上的射影就是正三角形 BCD 的外接圆圆心,记为 O_1,连接 OO_1,O_1B,则 $O_1B=\dfrac{\sqrt{3}}{2}BC\times\dfrac{2}{3}=\dfrac{\sqrt{3}}{3}\times 6a=2\sqrt{3}\,a$。

设 $OO_1=d$,连接 OB,则 $R^2=OB^2=O_1B^2+d^2=\left(2\sqrt{3}\,a\right)^2+d^2=12a^2+d^2$。   ①

过点 A 作 $AH\perp BD$ 于 H,过点 O 作 $OE\perp AH$ 于 E,连接 OA,O_1H,因为平面 $ABD\perp$ 平面 BCD,所以 $AH\perp$ 平面 BCD。

又 $OO_1\perp$ 平面 BCD,所以四边形 OO_1HE 为矩形,故 $EH=d$,$AE=AH-d$。

在 $\triangle ABD$ 中,$AB=2\sqrt{6}\,a$,$AD=2\sqrt{3}\,a$,$BD=6a$,所以 $AB^2+AD^2=BD^2$,故 $AB\perp AD$,

所以 $AH=\dfrac{AB\times AD}{BD}=\dfrac{2\sqrt{6}\,a\times 2\sqrt{3}\,a}{6a}=2\sqrt{2}\,a$,$DH=\sqrt{\left(2\sqrt{3}\,a\right)^2-\left(2\sqrt{2}\,a\right)^2}=2a$。

取 BD 的中点 M,则 $MH=a$,连接 O_1M,则 $O_1M\perp BD$,$O_1M=\dfrac{\sqrt{3}}{6}BC=\dfrac{\sqrt{3}}{6}\times 6a=\sqrt{3}\,a$,

$$故 O_1H = \sqrt{O_1M^2 + MH^2} = \sqrt{\left(\sqrt{3}\,a\right)^2 + a^2} = 2a,$$

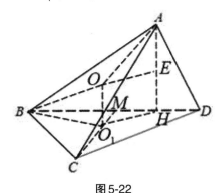

图 5-22

故在 Rt△AOE 中，$OA^2 = OE^2 + AE^2$，

即 $R^2 = (2a)^2 + \left(2\sqrt{2}\,a - d\right)^2$ ②

由①②解得 $\begin{cases} d = 0, \\ R = 2\sqrt{3}\,a。 \end{cases}$ 所以最小侦测半径为 $2\sqrt{3}\,a$km。

故答案为：$2\sqrt{3}\,a$。

点评　本题以无人侦察机为背景设置三棱锥的外接球问题，意在考查考生借助空间形式确定几何体中的量，构建数学问题的直观模型，进而解决问题的能力，体现理性思维、数学应用、数学探索学科素养。求解几何体外接球半径的思路是依据球的截面的性质：利用球的半径 R、截面圆的半径 r 及球心到截面的距离 d 三者的关系 $R^2 = r^2 + d^2$ 求解，其中确定球心的位置是关键。本题是综合性题目，属于探索创新情境，具体是数学探究情境。

二、航天行业中概率统计应用

航天行业在进行火箭起航、火箭发射等工作时，需要考虑的因素较多，尤其是航天事业，需要考虑空气、高度、气象等因素对火箭的影响，需要使用高中数学中的概率论知识。而搜集、整理数据，对其进行分析和描述，以推断所统计目标的基本状况和未来趋势、对新型材料的研发等，需要用到统计学知识。

【例4】　北斗导航系统由 55 颗卫星组成，于 2020 年 6 月 23 日完成全球组网部署，全面投入使用。北斗七星自古是我国人民辨别方向判断季节的重要依据，北斗七星分别为天枢、天璇、天玑、天权、玉衡、开阳、摇光，其中玉衡最亮，天权最暗。一名天文爱好者从七颗星中随机选两颗进行观测，则玉衡和天权至少一颗被选中的概率为（　　　）。

图 5-23

A. $\dfrac{10}{21}$ B. $\dfrac{11}{21}$ C. $\dfrac{11}{42}$ D. $\dfrac{5}{21}$

分析 根据古典概型计算公式,结合组合的定义、对立事件的概率公式进行求解即可。

解 因为玉衡和天权都没有被选中的概率为 $P=\dfrac{C_5^2}{C_7^2}=\dfrac{10}{21}$,

所以玉衡和天权至少一颗被选中的概率为 $1-\dfrac{10}{21}=\dfrac{11}{21}$。

故选:B。

【例5】 嫦娥五号的成功发射,实现了中国航天史上的五个"首次",某中学为此举行了"讲好航天故事"演讲比赛。若将报名的30位同学编号为01,02,…,30,利用下面的随机数表来决定他们的出场顺序,选取方法是从随机数表第1行的第5列和第6列数字开始由左到右依次选取两个数字,重复的跳过,则选出来的第7个个体的编号为(   )。

    45 67 32 12 12 31 02 01 04 52 15 20 01 12 51 29
    32 04 92 34 49 35 82 00 36 23 48 69 69 38 74 81

A. 12   B. 20   C. 29   D. 23

分析 依次从数表中读出答案。

解 依次从数表中读出的有效编号为:12,02,01,04,15,20,01,29,

得到选出来的第7个个体的编号为29。

故选:C。

【例6】 2020年6月23日,我国第55颗北斗导航卫星发射成功。为提升卫星健康运转的管理水平,西安卫星测控中心组织青年科技人员进行卫星监测技能竞赛,成绩分为"优秀""良好""待提高"三个等级。现有甲、乙、丙、丁四人参赛,已知这四人获得"优秀"的概率分别为 $\dfrac{1}{2}$、$\dfrac{1}{4}$、$\dfrac{2}{3}$、$\dfrac{2}{3}$,且四人是否获得"优秀"相互独立,则至少有1人获得"优秀"的概率为(   )。

A. $\dfrac{23}{24}$ B. $\dfrac{1}{18}$ C. $\dfrac{7}{9}$ D. $\dfrac{2}{9}$

分析 利用独立事件的概率乘法公式以及对立事件的概率公式可求得所求事件的概率。

解 由独立事件的概率乘法公式以及对立事件的概率公式可得,

四人中至少有1人获得"优秀"的概率为$P=1-\left(1-\dfrac{1}{2}\right)\left(1-\dfrac{1}{4}\right)\left(1-\dfrac{2}{3}\right)^2=\dfrac{23}{24}$。

故选：A。

【例7】 近几年，在国家大力支持和引导下，中国遥感卫星在社会生产和生活各领域的应用范围不断扩大，中国人民用遥感卫星系统研制工作取得了显著成绩，逐步形成了气象、海洋、陆地资源和科学试验等遥感卫星系统。如图5-24是2007—2018年中国卫星导航与位置服务产业总体产值规模(亿元)及增速(％)的统计图，则下列结论中错误的是(　　　)。

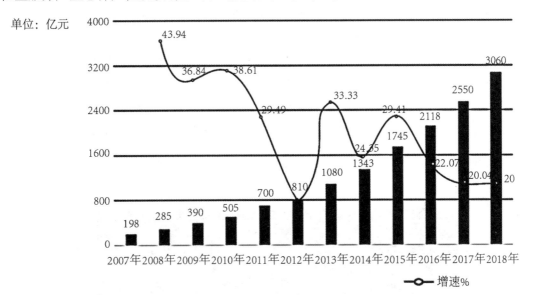

图5-24　中国卫星导航与位置服务产业产值规模及增速统计图

A. 2017年中国卫星导航与位置服务产业总体产值规模达到2550亿元，较2016年增长20.40％

B. 若2019年中国卫星导航与位置服务产业总体产值规模保持2018年的增速，总体产值规模将达3672亿元

C. 2007—2018年中国卫星导航与位置服务产业总体产值规模逐年增加，但不与时间成正相关

D. 2007—2018年中国卫星导航与位置服务产业总体产值规模的增速中有些与时间成负相关

分析　根据统计图依次判断每个选项得到答案。

解　对于选项A，根据图中数据可知选项A正确。

对于选项B，2019年中国卫星导航与位置服务产业总体产值规模保持2018年的增速，即为20％，所以2019年总体产值规模为3060×(1＋20％)＝3672(亿元)，故选项B正确。

对于选项C,根据正相关的定义,散点位于从左下角到右上角区域,则两个变量具有正相关关系,故选项C错误。

对于选项D,根据负相关的定义,散点位于从左上角到右下角区域,则两个变量具有负相关关系,故选项D正确。

故选:C。

三、航天行业中解析几何的渗透

解析几何是将图形与方程结合起来的数学知识,高中解析几何在研究天体、卫星的运行轨道等问题中,起着很重要的作用。

【例8】 2018年12月8日,长征三号乙运载火箭搭载嫦娥四号月球探测器在西昌卫星发射中心发射。12日下午4点43分左右,嫦娥四号顺利进入了以月球球心为一个焦点的椭圆形轨道,如图中轨道③所示,其近月点与月球表面距离为100千米,远月点与月球表面距离为400千米,已知月球的直径约为3476千米,对该椭圆有四个结论:①焦距长约为300千米;②长轴长约为3988千米;③两焦点坐标约为$(0, \pm 150)$;④离心率约为$\dfrac{75}{994}$。则上述结论正确的是(   )。

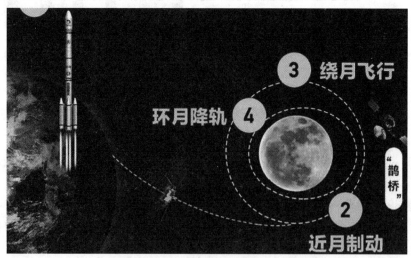

图 5-25

A. ①②④   B. ①③   C. ①③④   D. ②③④

分析 根据已知条件求得椭圆对应的a、c,由此确定正确选项。

解 依题意$\begin{cases} 100 + \dfrac{3476}{2} = a - c, \\ 400 + \dfrac{3476}{2} = a + c \end{cases} \Rightarrow \begin{cases} 1838 = a - c, \\ 2138 = a + c \end{cases} \Rightarrow \begin{cases} a = 1988, \\ c = 150, \end{cases}$

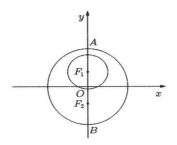

图 5-26

$2c = 300$,①正确;$2a = 3976$,②错误;

焦点坐标为$(0, \pm 150)$,③正确;

离心率$\dfrac{c}{a} = \dfrac{150}{1988} = \dfrac{75}{994}$,④正确。

所以正确的为①③④。

故选:C。

【例9】 1970年4月24日,我国发射了自己的第一颗人造地球卫星东方红一号,从此我国开启了人造卫星的新篇章,人造地球卫星绕地球运行遵循开普勒行星运动定律:卫星在以地球为焦点的椭圆轨道上绕地球运行时,其运行速度是变化的,速度的变化服从面积守恒规律,即卫星的向径(卫星与地球的连线)在相同的时间内扫过的面积相等,如图建系,设椭圆轨道的长轴长、短轴长、焦距分别为$2a, 2b, 2c$,下列结论正确的是(　　)。

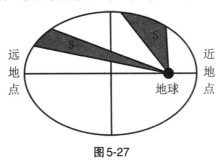

图 5-27

A. 卫星向径的最大值为$2a$

B. 卫星向径的最小值为$2b$

C. 卫星绕行一周时在第二象限内运动的时间大于在第一象限内运动的时间

D. 卫星向径的最小值与最大值的比值越小,椭圆轨道越圆

分析 根据椭圆的定义、性质和面积守恒规律,依次判断每个选项得到答案。

解 根据题意,向径为卫星与地球的连线,即椭圆上的点与焦点的连线的距离,根据椭圆的几何性质可知卫星向径的最小值为$a - c$,最大值为$a + c$,A,B错误。

由开普勒行星运动定律,卫星的向径在相同的时间内扫过的面积相等,在第二象限运动时扫过的面积大于在第一象限运动时扫过的面积,故卫星在第二象限内运动的时间大于在第一象限内运动的时间,C正确。

当卫星向径的最小值与最大值的比值越小时,由 $\dfrac{a-c}{a+c}=\dfrac{1-e}{1+e}=-1+\dfrac{2}{1+e}$,可得 e 越大,椭圆越扁,所以 D 错误。

故选:C。

【例10】 天问一号探测器推开了我国行星探测的大门,通过一次发射,将实现火星环绕、着陆、巡视,是世界首创,也是我国真正意义上的首次深空探测。2021年2月10日,天问一号探测器顺利进入火星的椭圆环火轨道(将火星近似看成一个球体,球心为椭圆的一个焦点)。2月15日17时,天问一号探测器成功实施捕获轨道"远火点(椭圆轨迹上距离火星表面最远的一点)平面机动",同时将近火点高度调整至约265公里。若此时远火点距离约为11945千米,火星半径约为3395千米,则调整后天问一号探测器的运行轨迹(环火轨道曲线)的离心率约为( )。

A. 0.61   B. 0.67   C. 0.71   D. 0.77

分析 根据题中的信息列出关于 a、c 的方程,然后解方程并求离心率即可。

解 设椭圆的方程为 $\dfrac{x^2}{a^2}+\dfrac{y^2}{b^2}=1(a>b>0)$,

由椭圆的性质可得椭圆上的点到焦点的距离的最小值为 $a-c$,最大值为 $a+c$,

根据题意可得近火点满足 $a-c=3395+265=3660$,$a+c=3395+11945=15340$,

解得 $a=9500$,$c=5840$,

所以椭圆的离心率为 $e=\dfrac{c}{a}=\dfrac{5840}{9500}\approx0.61$。

故选:A。

【例11】 2020年12月4日,嫦娥五号探测器在月球表面第一次动态展示国旗。1949年公布的《国旗制法说明》中就五星的位置规定:大五角星有一个角尖正向上方,四颗小五角星均各有一个角尖正对大五角星的中心点。有人发现,第三颗小星的姿态与大星相近。为便于研究,如图5-28,以大星的中心点为原点,建立直角坐标系,OO_1、OO_2、OO_3、OO_4 分别是大星中心点与四颗小星中心点的连接线,$\alpha\approx16°$,则第三颗小星的一条边 AB 所在直线的倾斜角约为( )。

A. 0°   B. 1°   C. 2°   D. 3°

分析 由五角星的内角为36°,可知 $\angle BAO_3=18°$,又 OO_3 平分第三颗小星的一个角,过 O_3 作 x 轴平行线 O_3E,如图5-29,则 $\angle OO_3E=\alpha\approx16°$,即可求出直线 AB 的倾斜角。

解 $\because$ O、O_3 都为五角星的中心点,$\therefore$ OO_3 平分第三颗小星的一个角。

又五角星的内角为36°,可知 $\angle BAO_3=18°$,

过 O_3 作 x 轴平行线 O_3E，则 $\angle OO_3E = \alpha \approx 16°$，所以直线 AB 的倾斜角为 $18° - 16° = 2°$。
故选：C。

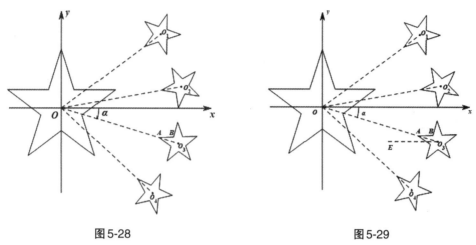

图 5-28　　　　　　　　　　　　　　　　图 5-29

【例12】　中国天眼FAST(500米口径球面射电天文望远镜)，于2016年9月25日落成启用。天眼是当之无愧的国之重器，它的灵敏度是世界上排名第二的美国阿雷西博望远镜的3倍左右，它的直径达到了500米，它的反射面积相当于30个足球场的大小。如图5-31是中国天眼的剖面，当我们观测某个方向的天体目标 S_1 时，在天体 S_1 和球心 O 到反射面点 M 的连线上选取一个点 F 作为抛物面的焦点，把以点 M 为中心周边的镜面通过下拉索拉动，使球面变形成抛物面(抛物面是指抛物线绕着它的对称轴旋转180°所得到的面)，这个抛物面把天体目标发出的平行光聚焦到焦点 F 上，我们的接收机(馈源)就安装在这个焦点 F 上，可见虽然天眼是一个球面形状，但观测时球面已经变成抛物面了。若 AB 垂直 MF 并交于点 N，$AB = 300$ 米，$MF = 125$ 米，则 $MN = $＿＿＿＿米，$\cos\angle AFB = $＿＿＿＿。

图 5-30　中国天眼FAST

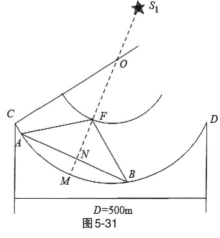

图 5-31

分析　根据题意，弧 AMB 为抛物线上的一部分，F 为抛物线的焦点，进而建立平面直

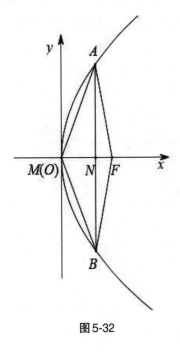

图 5-32

角坐标系,利用抛物线的方程求解即可。

解 根据题意,此时观测曲面为抛物面,弧 AMB 为抛物线上的一部分,F 为抛物线的焦点,故如图 5-32,建立平面直角坐标系,

所以设抛物线的方程为 $y^2=2px(p>0)$,

因为 $MF=125$,$AB=300$,

所以 $F(125,0)$,$y_A=150$,

所以 $\dfrac{p}{2}=125$,即 $p=250$,

所以抛物线的方程为 $y^2=500x$,

所以 $x_A=\dfrac{150^2}{500}=45$,

所以 $A(45,150)$,$B(45,-150)$,$N(45,0)$,

所以 $MN=45$ 米,$AF=BF=170$ 米,

所以在 $\triangle AFB$ 中,$\cos\angle AFB=\dfrac{|AF|^2+|BF|^2-|AB|^2}{2|AF||BF|}=$

$\dfrac{170^2+170^2-300^2}{2\times170\times170}=-\dfrac{161}{289}$。

故答案为:45;$-\dfrac{161}{289}$。

四、航天行业中解三角形的渗透

在航天行业中,有些三角形部件、三角形航线等,在部件制造、航线航程确定之类的工作中,需要用到解三角形知识。

【例 13】 北京大兴国际机场(如图 5-33)位于中国北京市大兴区和河北省廊坊市交界处,为 4F 级国际机场、世界级航空枢纽。如图 5-34,天安门在北京大兴国际机场的正北方向 46km 处,北京首都国际机场在北京大兴国际机场北偏东 16.28° 方向上,在天安门北偏东 47.43° 的方向上,则北京大兴国际机场与北京首都国际机场的距离约为(   )。

(参考数据:$\sin16.28°\approx0.28$,$\sin47.43°\approx0.74$,$\sin31.15°\approx0.52$)

图 5-33

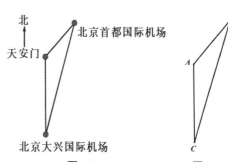

图 5-34　　　　　　图 5-35

A. 65.46km　　　　　B. 74.35km　　　　　C. 85.09km　　　　　D. 121.12km

分析　由题意可得 $AC=46$ km，$\angle ACB=16.28°$，$\angle BAC=132.57°$，然后在 $\triangle ABC$ 中利用正弦定理求解即可。

解　如图 5-35 所示，由题意可得 $AC=46$ km，$\angle ACB=16.28°$，$\angle BAC=132.57°$，

由正弦定理可得 $\dfrac{BC}{\sin A}=\dfrac{AC}{\sin B}$，即 $\dfrac{BC}{\sin 132.57°}=\dfrac{46}{\sin 31.15°}$，

解得 $BC=\dfrac{46}{\sin 31.15°}\cdot\sin 132.57°\approx\dfrac{46}{0.52}\times 0.74\approx 65.46$。

故选：A。

【例14】　2021 年 9 月 17 日，搭载着 3 名航天员的神舟十二号载人飞船返回舱成功着陆于东风着陆场，标志着神舟十二号返回任务取得圆满成功。假设返回舱 D 是垂直下落于点 C，如图 5-36 所示，某时刻地面上点 A、B 观测点观测到点 D 的仰角分别为 $45°$、$75°$，若 A、B 间距离为 10 千米（其中向量 $\overrightarrow{CA}$ 与 $\overrightarrow{CB}$ 同向），试估算该时刻返回舱距离地面的距离 $|CD|$ 约为_____千米（结果保留整数，参考数据：$\sqrt{3}\approx 1.732$）。

分析　利用正弦定理求得 AD，由此求得 CD。

解　在三角形 ABD 中，$\angle A=45°$，$\angle ABD=180°-75°=105°$，$\angle ADB=30°$，

由正弦定理得 $\dfrac{|AB|}{\sin 30°}=\dfrac{|AD|}{\sin 105°}$，

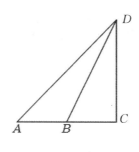

图 5-36

$$|AD|=20\times\sin 105°=20\times\sin\left(60°+45°\right)$$

$$=20\times\left(\sin 60°\cos 45°+\cos 60°\sin 45°\right)=5\left(\sqrt{6}+\sqrt{2}\right),$$

所以 $|CD|=|AD|\times\dfrac{\sqrt{2}}{2}=5\left(\sqrt{6}+\sqrt{2}\right)\times\dfrac{\sqrt{2}}{2}=5\sqrt{3}+5\approx 14$ 千米。

故答案为:14。

【课后练习】

1. 2019年12月27日20时45分,长征五号遥三运载火箭在中国文昌航天发射场点火升空,约2220秒后,将实践二十号卫星送入预定的运行轨道,发射任务取得圆满成功。实践二十号卫星的运行轨道是以地心为一个焦点的椭圆。设地球半径为 R,若椭圆近地点、远地点离地面的距离大约分别是 $\dfrac{1}{3}R,\dfrac{32}{3}R$,则实践二十号卫星运行轨道的离心率为(   )。

A. $\dfrac{11}{15}$ B. $\dfrac{5}{6}$ C. $\dfrac{9}{13}$ D. $\dfrac{31}{39}$

2. 2020年12月13日9时51分,嫦娥五号轨道器和返回器成功进入月地转移轨道,携带月球样本(月壤)的嫦娥五号正式踏上返回地球的旅程。嫦娥五号带回来的月球样本可以让我们更好地了解月球,使得我国成为世界上第三个从月球带回样本的国家。嫦娥五号轨道器在某个阶段的运行轨道是以月心为一个焦点的椭圆。设月球半径为 R,若其近月点、远月点离月面的距离大约分别是 $\dfrac{1}{9}R,\dfrac{31}{9}R$,则此阶段嫦娥五号轨道器运行轨道的离心率是(   )。

图5-37　嫦娥五号轨道器运行轨道

A. $\dfrac{1}{5}$ B. $\dfrac{2}{5}$ C. $\dfrac{3}{5}$ D. $\dfrac{4}{5}$

3. 1970年4月24日,我国发射了自己的第一颗人造地球卫星东方红一号,从此我国开始了人造卫星的新篇章。人造地球卫星绕地球运行遵循开普勒行星运动定律:卫星在以地球为焦点的椭圆轨道上绕地球运行时,其运行速度是变化的,速度的变化服从面积守恒规律,即卫星的向径(卫星与地球的连线)在相同的时间内扫过的面积相等。设椭圆的长轴长、焦距分别为$2a$,$2c$,下列结论正确的是(　　)。

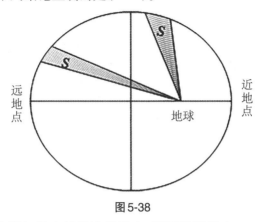

图5-38

A. 卫星向径的最小值与最大值的比值越大,椭圆轨道越扁

B. 卫星向径的取值范围是$[a-c,a+c]$

C. 卫星在右半椭圆弧的运行时间大于其在左半椭圆弧的运行时间

D. 卫星运行速度在近地点时最小,在远地点时最大

4. 如图5-39所示,嫦娥五号月球探测器飞行到月球附近时,首先在以月球球心F为圆心的圆形轨道Ⅰ上绕月球飞行,然后在P点处变轨进入以F为一个焦点的椭圆轨道Ⅱ绕月球飞行,最后在Q点处变轨进入以F为圆心的圆形轨道Ⅲ绕月球飞行,设圆形轨道Ⅰ的半径为R,圆形轨道Ⅲ的半径为r,则下列结论中正确的序号为(　　)。

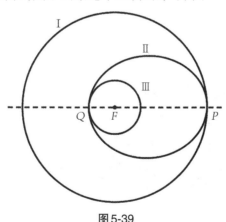

图5-39

①轨道Ⅱ的焦距为$R-r$;　　　　②若R不变,r越大,轨道Ⅱ的短轴长越小;

③轨道Ⅱ的长轴长为$R+r$;　　　　④若r不变,R越大,轨道Ⅱ的离心率越大。

A.①②③　　　　B.①②④　　　　C.①③④　　　　D.②③④

5. 我国的航天事业取得了辉煌的成就,归功于中国共产党的坚强领导,归功于几代航天人的不懈奋斗。中国工程院院士、中国探月工程总设计师吴伟仁先生就是其中最杰出的代表人物之一,同学们应当好好学习航天人和航天精神。我国发射的第一颗人造地球卫星的运行轨道是以地心(地球的中心)F_2 为一个焦点的椭圆。已知它的近地点(离地面最近的点)A 距地面 m 千米,远地点(离地面最远的点)B 距离地面 n 千米,并且 F_2、A、B 在同一条直线上,地球的半径为 R 千米,则卫星运行的轨道的短轴长为(   )千米。

A. $2\sqrt{(m+R)(n+R)}$　　　　B. $\sqrt{(m+R)(n+R)}$

C. mn　　　　D. $2mn$

6. 北斗三号全球卫星导航系统是我国航天事业的重要成果。在卫星导航系统中,地球静止同步卫星的轨道位于地球赤道所在平面,轨道高度为 36000km(轨道高度是指卫星到地球表面的距离)。将地球看作是一个球心为 O,半径 r 为 6400km 的球,其上点 A 的纬度是指 OA 与赤道平面所成角的度数。地球表面上能直接观测到一颗地球静止同步轨道卫星点的纬度最大值为 α,记卫星信号覆盖地球表面的表面积为 $S = 2\pi r^2(1-\cos\alpha)$(单位: km^2),则 S 占地球表面积的百分比约为(   )。

A. 26%　　　B. 34%　　　C. 42%　　　D. 50%

7. 纳斯卡线条是一种巨型的地上绘图,有着广大宽阔的直线,看起来就像机场跑道一样,描绘的大多是动植物,位于南美洲西部的秘鲁南部的纳斯卡荒原上,是存在了 2000 年的迷局:究竟是谁创造了它们并且为了什么而创造,至今仍无人能解,因此被列入"十大谜团"。在这些图案中,最清晰的图案之一是一只身长 50 米的大蜘蛛(如图 5-40 左图),据说这是一种节腹目蜘蛛的形状。这种蜘蛛十分罕见,只有亚马孙河雨林中最偏远隐秘的地区才能找到。现用视角为 30° 的摄像头(注:当摄像头和所拍摄的圆形区域构成一个圆锥时,该圆锥的轴截面的顶角称为该摄像头的视角)在该蜘蛛的上方拍摄,使得整个蜘蛛图案落在边长为 50 米的正方形区域内,则该摄像头距地面的高度的最小值是(   )。

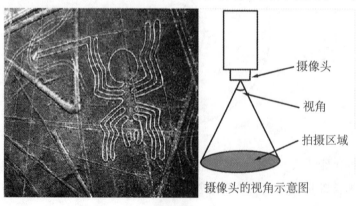

摄像头的视角示意图

图 5-40

A. 50米　　B. $25(2\sqrt{2}+\sqrt{6}\,)$米　　C. $50(2+\sqrt{3}\,)$米　　D. $50(2\sqrt{2}+\sqrt{6}\,)$米

8. 我国探月工程嫦娥五号探测器于2020年12月1日23时11分降落在月球表面预选着陆区,在顺利完成月面自动采样之后,成功将携带样品的上升器送入预定环月轨道,这是我国首次实现月球无人采样和地外天体起飞,对我国航天事业具有重大而深远的影响。为进一步培养中学生对航天的兴趣爱好,某学校航天社团在本校高一年级进行了纳新工作,前五天的报名情况为:第1天3人,第2天6人,第3天10人,第4天13人,第5天18人,通过数据分析已知,报名人数与报名时间具有线性相关关系。已知第 x 天的报名人数为 y ,则 y 关于 x 的线性回归方程为_____,该社团为了了解中学生对航天的兴趣爱好和性别是否有关系,随机调查了100名学生,并得到如下表:

	有兴趣	无兴趣	合计
男生	45	5	50
女生	30	20	50
合计	75	25	100

请根据上面的列联表,在概率不超过0.001的条件下认为中学生对航天的兴趣爱好和性别_____(填"有"或"无")关系。

参考公式及数据:回归方程 $\hat{y}=\hat{a}+\hat{b}x$ 中斜率的最小二乘估计公式为:

$$\hat{b}=\frac{\sum_{i=1}^{n}(x_i-\bar{x})(y_i-\bar{y})}{\sum_{i=1}^{n}(x_i-\bar{x})^2}=\frac{\sum_{i=1}^{n}x_i y_i-n\bar{x}\cdot\bar{y}}{\sum_{i=1}^{n}x_i^2-n\bar{x}^2},\hat{a}=\bar{y}-\hat{b}\bar{x};$$

$$K^2=\frac{n(ad-bc)^2}{(a+b)(c+d)(a+c)(b+d)},\text{其中}n=a+b+c+d。$$

$P(K^2\geqslant k)$	0.10	0.05	0.010	0.005	0.001
k	2.706	3.841	6.635	7.879	10.828

【参考答案】

1. 答案:D。

解析:以运行轨道的中心为原点,长轴所在直线为 x 轴建立平面直角坐标系,令地心 F_2 为椭圆的右焦点,则轨道方程是焦点在 x 轴上的椭圆的标准方程。设为 $\dfrac{x^2}{a^2}+\dfrac{y^2}{b^2}=1(a>$

$b>0$),则地心F_2的坐标为$(c,0)$,且
$$\begin{cases} a-c=R+\dfrac{1}{3}R, \\ a+c=R+\dfrac{32}{3}R, \end{cases}$$

解得$2a=13R$,$2c=\dfrac{31}{3}R$,于是离心率$e=\dfrac{31}{39}$。

2. 答案:C。

解析:以运行轨道的直线为原点,长轴所在的直线为x轴建立平面直角坐标系,令地心F_2为椭圆的右焦点,则轨道方程为焦点在x轴上的椭圆。

设椭圆的方程为$\dfrac{x^2}{a^2}+\dfrac{y^2}{b^2}=1(a>b>0)$,则$F_2(c,o)$,其中$a^2=b^2+c^2$。

根据题意,可得$a-c=R+\dfrac{1}{9}R$,$a+c=R+\dfrac{31}{9}R$,

解得$a=\dfrac{25}{9}R$,$c=\dfrac{5}{3}R$,所以椭圆的离心率为$e=\dfrac{c}{a}=\dfrac{3}{5}$。

3. 答案:B。

解析:对于A,$\dfrac{a-c}{a+c}=\dfrac{1-e}{1+e}=\dfrac{2}{1+e}-1$,当比值越大,则$e$越小,椭圆轨道越圆,A不正确;

对于B,根据椭圆定义知卫星向径的取值范围是$[a-c,a+c]$,B正确;

对于C,当卫星在左半椭圆弧的运行时,对应的面积更大,面积守恒规律,速度更慢,即卫星在右半椭圆弧的运行时间小于其在左半椭圆弧的运行时间,C不正确;

对于D,根据面积守恒规律,卫星在近地点时向径最小,故速度最大,在远地点时向径最大,故速度最小,D不正确。

4. 答案:C。

解析:①由椭圆的性质知,$a+c=R$,$a-c=r$,解得$2c=R-r$,故正确;

②由①知$a=\dfrac{R+r}{2}$,$c=\dfrac{R-r}{2}$,所以$2b=2\sqrt{a^2-c^2}=2\sqrt{\dfrac{(R+r)^2}{4}-\dfrac{(R-r)^2}{4}}=2\sqrt{Rr}$,若$R$不变,$r$越大,$2b$越大,轨道Ⅱ的短轴长越大,故错误;

③由①知$2a=R+r$,故轨道Ⅱ的长轴长为$R+r$,故正确;

④因为$e=\dfrac{c}{a}=\dfrac{\dfrac{R-r}{2}}{\dfrac{R+r}{2}}=\dfrac{R-r}{R+r}=1-\dfrac{2r}{R+r}=1-\dfrac{2}{\dfrac{R}{r}+1}$,若$r$不变,$R$越大,则$\dfrac{2}{\dfrac{R}{r}+1}$越小,所以$e$越大,轨道Ⅱ的离心率越大,故正确。

5. 答案:A。

解析:由题意可得$a-c=m+R$,$a+c=n+R$,故$(a-c)(a+c)=(m+R)(n+R)$,

即 $b^2=a^2-c^2=(m+R)(n+R)$，所以 $b=\sqrt{(m+R)(n+R)}$，所以椭圆的短轴长为 $2\sqrt{(m+R)(n+R)}$。

6. 答案：C。

解析：由题意可得，S 占地球表面积的百分比约为：

$$\frac{2\pi r^2(1-\cos\alpha)}{4\pi r^2}=\frac{1-\cos\alpha}{2}=\frac{1-\dfrac{6400}{6400+36000}}{2}\approx 0.42=42\%。$$

7. 答案：B。

解析：由题设知：要使整个蜘蛛图案落在边长为50米的正方形区域内，则拍摄区域的圆的直径最小为 $2r=50\sqrt{2}$，若所成圆锥的母线长为 a，

∴ 由余弦定理知：$2a^2-2a^2\cdot\cos 30°=5000$，即 $a^2=5000(2+\sqrt{3})$，

∴ 该摄像头距地面的高度最小值 $h=\sqrt{a^2-r^2}=25\sqrt{14+8\sqrt{3}}=25\left(2\sqrt{2}+\sqrt{6}\right)$ 米。

8. 答案：$\hat{y}=3.7x-1.1$。

解析：由题意，计算 $\bar{x}=\dfrac{1}{5}\times(1+2+3+4+5)=3$，$\bar{y}=\dfrac{1}{5}\times(3+6+10+13+18)=10$，

所以 $\hat{b}=\dfrac{\sum\limits_{i=1}^{5}x_iy_i-5\bar{x}\cdot\bar{y}}{\sum\limits_{i=1}^{5}x_i^2-5\cdot\bar{x}^2}=\dfrac{187-5\times 3\times 10}{55-5\times 9}=\dfrac{37}{10}=3.7$，$\hat{a}=\bar{y}-\hat{b}\bar{x}=10-3.7\times 3=-1.1$，

所以 y 关于 x 的线性回归方程为 $\hat{y}=3.7x-1.1$。

由列联表数据可得 $K^2=\dfrac{100(45\times 20-5\times 30)^2}{75\times 25\times 50\times 50}=12$

因为 $12>10.828$，所以，在犯错误的概率不超过 0.001 的条件下认为"中学生对航天的兴趣爱好和性别有关系"。

第六章　高中地理与航天

地球是人类的摇篮，但人类不可能永远被束缚在摇篮里。

——火箭专家、宇宙航行之父齐奥尔科夫斯基

人类是一步步从地球迈向宇宙的，航天事业诞生于地理科学，它也推动着地理科学的发展。

航天的目的在于突破地球大气的屏障和克服地球引力，把人类的活动范围从陆地、海洋和大气层扩展到高空和太空，更广泛深入地认识地球及其周围的环境，更好地认知整个宇宙。充分利用航天器进行各种试验和研究活动，开发太空及其丰富的资源。

天文学是航天发展的基础，航天业的发展同时推动着天文学的发展。让人类对宇宙的起源和演化、天体的生消与演变、天体的自转和公转的规律、天体的物质组成和表面环境的演变等方面有了更清晰的认识，特别是射电望远镜和太空望远镜能为人类提供更新更详细的太空信息。

航天业发展离不开传统的地理环境的支撑。比如，航天要选择适宜的火箭发射基地，要考虑尽量在较低的纬度，较好的气象条件，便利的交通运输，理想的观测遥控的地形、海况和大气条件；深空探测通过测算天体运动关系，寻找发射的时间窗口等。

航天业与地理学科的发展相辅相成，它极大地推动了地理学科的发展，丰富了学科的内容，改变了一些学科研究的方式和方法，让古老的地理学焕发了新的活力，特别是近些年"3S"（RS、GNSS、GIS）的异军突起。地理信息系统（GIS）在自然减灾、国土调查等方面发挥着巨大作用；全球导航卫星系统（GNSS）在交通运输、区域规划、大地测量等领域大显身手；遥感技术（RS）能及时观察地表事物和气象变化，在赈灾救灾、农业生产、天气预报等方面不可替代。

航天事业发展延续着我们每个人儿时的梦想：浩瀚的宇宙里有些什么？地球的前生后世会怎样？人们时时在关注自己所处的周边环境，正是我们对自己境遇的关注，激发了航天科学探究的精神。

在本章里，我们将学习航天业发展所要涉及的一些相关地理知识，了解航天的成就在生产和生活中的主要应用。

第一节　高中地理知识在航天领域的应用

【导言】

2021年10月16日0时32分,我国神舟十三号载人航天飞船发射成功。183天之后的2022年4月16日9时56分,神舟十三号载人飞船返回舱在东风着陆场成功着陆。上千年来,人类从未停止对"九重天"的追逐。

思考: 为什么要探索宇宙? 地球处于什么样的宇宙环境? 地理学科在航天领域有哪些应用呢?

【学习目标】

1.了解地球所处的宇宙环境。

2.解释航天发射与回收基地选址的地理区位条件。

3.举例说明大气环境研究在保障航天航空安全的应用。

4.举例说明地理信息系统在航天中的应用。

根据直观天象,古人就建立了原始的宇宙观。他们认为,天体在天球上运转,而大地水平展开,静静地处在宇宙的中央。这种宇宙观持续了几千年。人类为探索宇宙的真相付出了长期不懈的努力,甚至有人为此而献出生命。我们为什么要探索宇宙? 本节,我们将从地理的角度来寻找一个合理的解释。

一、宇宙空间环境探测

人类生存在地球上,为求得更好的生存和发展,需要认识人类的生存环境,首先要认识地球所处的宇宙环境。第一,地球上的许多自然现象,仅从地球自身因素分析无法得到正确、完整的结论,需要从地球所处的宇宙的环境来分析。第二,随着科学技术的进步,人类将眼光投向太空,以拓展生存空间和资源来源。

(一)古人对宇宙的探索

人类对宇宙的探索最初是基于想象。在世界各民族的文明史中,都不可避免地涉及关于宇宙神话的内容。我国古代"盘古开天辟地""女娲补天"以及《封神演义》《西游记》等神魔小说中关于"天宫""月宫"的描述等。

除了一些神话故事以外,结合"天文历法",在古代也出现了关于天文观测的仪器。古代天文观测仪器有:①圭表。由直立在地上的杆子和朝南安放的一个水平横尺构成,正午阳光照射到杆子上,根据地上杆影的长短和周期变化,可以测定时间、方向、节气,夜晚可以测量恒星的上中天,观测恒星年的周期。现在保存在紫金山天文台的圭表是明朝1437年仿制的。②日晷。由圭表演化而来,利用日影位置变化计量时间的一种仪器。我国内蒙古出土的秦汉石刻日晷,现收藏于北京历史博物馆。③仪象。用以测定天体的球面坐标和表演天体在天球面上的视运动等现象的仪器,目前保存完整的有紫金山天文台的明浑仪。④浑象。表演天体视运动并可用作黄道度数和赤道度数互相变换的仪器,如清代的天体仪。⑤漏刻。一种计量时间的仪器。古代天文观测台有:北京古观象台、登封测景台、洛阳灵台等。

【思考与讨论】

1.还有哪些神话故事是关于人类对宇宙的想象?

2.解释"圭表"这一天文观测仪器工作的地理原理。

3.在农业文明时代,我国古代进行天文观测的地理意义是什么?

(二)宇宙新探索的发展

人类对宇宙的新探索始于1957年10月,苏联用火箭把第一颗人造地球卫星送上了天,开创了从太空观测研究地球和整个宇宙的新时代。人类进入太空的时间是20世纪60年代。从1969年到1972年,美国的阿波罗登月计划先后6次将航天员送上月球,从此,各种载人飞船、航天站、航天飞机先后进入太空,开创了对宇宙进行探索的新时代。自1970年4月24日东方红一号人造卫星发射以来,我国航天事业不断取得举世瞩目的成就。2003年10月15日,神舟五号载人飞船发射成功。翌日,航天员杨利伟顺利返航,我国成为世界上第三个掌握载人航天飞行技术的国家。

在20世纪,我国航天事业主要关注地球自身(资源、环境等)的探测或监测。随着国力的增长,我国航天事业又将目光投向宇宙探索的领域。2004年1月,我国月球探测项目"嫦娥工程"被国务院批准,各项准备工作陆续展开。2007年10月24日18时5分,随着嫦娥一号成功奔月,此后,建立了第一个中国空间实验室。"嫦娥工程"已开展在月球上软着陆、从月面采样返回等高尖端研究。

此外,我国也开展对火星的探测,以及将望远镜送入环绕地球的轨道,在大气层外观测宇宙等研究工作。目前,我们的航天事业逐渐走向深空,实现了精密仪器在火星上的软着陆探测,对行星及其部分卫星、小行星、彗星等展开近距离乃至零距离(至少进入行星大气)的探测,获得了大量研究资料,极大地丰富了对太阳系的认识。

【问题研究】

月球基地应该是什么样子

月球是地球的天然卫星,也是距地球最近的天体,是人类向太空扩展生存空间的首选地。科学家们设想,在月球基地上,人类可以通过开发月球资源来满足生存和发展的需要。

建立月球基地需要满足哪些条件呢?

我们可以按照以下思路展开研究:

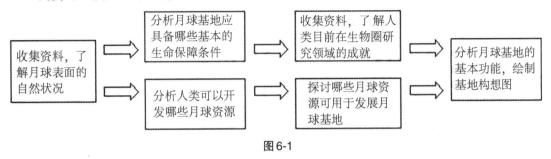

图6-1

【资料阅读】

资料1　月球概况

月球的质量只有地球质量的1/81,体积只有地球体积的1/49,表面引力只有地球的1/6。加上月球表面温度变化剧烈,面向太阳的一面,温度高达127℃;背向太阳的一面,温度可以下降到—183℃,月球表面的气体分子和水分子很容易逃逸到宇宙空间。所以,月球表面没有空气和液态水,近乎真空。月球表面覆盖着一层厚约10厘米,像沙粒一样的物质,下面是岩石。根据美国于1998年1月6日发射的月球勘探者号宇宙飞船观测的数据,科学家推测,在月球的北极和南极有冰,最多可能达到100亿吨。

图6-2　月球表面

【思考与讨论】

1. 月球上有哪些满足人类生存的基本条件?

2. 如果想在月球上生活,人类还需要创造哪些生存条件?

资料2　"生物圈二号"

"生物圈二号"建造在美国亚利桑那州的沙漠中,是一个模拟地球生态环境的全封闭实验场,也有人把它称为"微型地球"。实验的目的是为了考察人类离开了地球是否能够生存。在这个微型世界中,有模拟的海洋、平原、沼泽、雨林、沙漠和人类居住区。"生物圈二号"虽然与外界隔绝,但可以通过电力传输、电信与外部取得联系。1993年1月,8名科学家进入"生物圈二号"。他们原计划在"生物圈二号"中生活两年,为今后人类登陆其他星球建立居住基地进行探索。然而,一年多以后,"生物圈二号"的生态状况急转直下,氧气含量从21%迅速下降到14%,而二氧化碳和二氧化氮的含量却直线上升,海水开始酸化,很多物种消失,而用来吸收二氧化碳的牵牛花却疯狂生长。由于降雨失控,人造沙漠变成了丛林和草地。

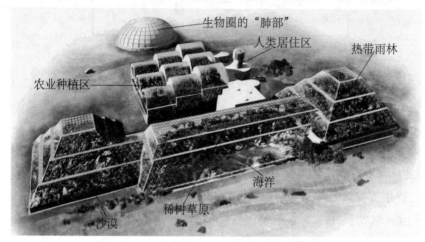

图6-3　生物圈二号

【思考与讨论】

1. "生物圈二号"和月球基地有哪些相同之处和不同之处?

2. 我们可以从"生物圈二号"实验中获取哪些经验和教训?

资料3　月球资源

月岩中含有大量硅酸盐,可供建造各类建筑。月球上有很多矿藏,如铁、钛、铝矿以及地球上缺乏的其他矿藏。人类可以将这些矿藏就地开采、冶炼,用来制造各种设备,供月球基地使用。由于没有大气的削弱作用,月球上可建立高效率的大型太阳能发电站,为各类开发活动提供充足的能源。

【思考与讨论】

1. 月球上具有哪些人类可以利用的资源?

2. 哪些月球资源可用于发展月球基地?

【查一查,做一做】

查阅月球基地相关资料,设计月球基地。月球基地可以分为生活区、科研区、采矿区、太阳能发电站和宇宙飞船航天站等几部分。选择你感兴趣的一个站区,从形态、功能、防护等方面提出一个设计方案,拟定一张构想图。最后,画示意图,把不同的站区对接起来,形成一个完整的月球基地。

二、航天发射基地与着陆场选址的地理智慧

如今的世界大国,几乎都拥有属于自己的航天发射场,以进行航天事业的研究。中国四大航天发射中心包括酒泉、太原、西昌、文昌。前面三个航天发射场都是我国内陆地区,文昌是我国首个沿海地区的发射场。

【资料阅读】

2021年10月16日,神舟十三号飞行乘组3名航天员翟志刚、王亚平、叶光富搭乘长征二号F遥十三运载火箭在我国酒泉卫星发射中心升空,按照计划"新太空出差三人组"要在中国空间站执行为期6个月的任务。酒泉卫星发射中心位于酒泉市与阿拉善盟之间,海拔1000米,始建于1958年10月,占地面积约2800平方千米。该地区地势平坦,人烟稀少,属内陆及沙漠性气候,年平均气温8.7摄氏度,相对湿度为35%～55%,常年干燥少雨,春秋两季较短,冬夏两季较长,一年四季多晴天,云量小,日照时间长,生活环境艰苦,但可为航天发射提供良好的自然环境条件。每年约有300天可进行发射试验。

183天之后的2022年4月16日9时56分,神舟十三号载人飞船返回舱在东风着陆场成功着陆。东风着陆场位于中国内蒙古自治区阿拉善盟额济纳旗境内,处于酒泉卫星发射中心以北、以东地区,东南部紧邻中国"八大沙漠"之一的巴丹吉林沙漠,总面积约1.3万平方千米(大约相当于浙江或江苏面积的1/8)。

【查一查,做一做】

1. 请查阅我国另外的三大卫星发射基地,总结航天发射基地的区位条件?

2. 请查阅我国四子王旗着陆场相关资料,总结航天器返回着陆场的区位条件。

三、大气环境研究在航天中的应用

2012年10月14日,奥地利"坠落人"菲利克斯·鲍姆加特纳,在美国新墨西哥地区乘坐太空舱升空。约3小时后,他上升至39千米高空。随后从那里跳下,4分钟后才打开降落伞,成为第一个自由落体速度超音速的人。他配备的特制宇航服,外表绝缘,密封的内层中填充加压氧气;头盔内有液氧系统,护目镜中装有温度调节器。他为什么需要配备特制宇航服? 39千米高空的大气与地面有哪些不同?

【资料阅读】

整个地球大气层像一座高大的而又独特的"楼房",按其成分、温度、密度等物理性质在垂直方向上的变化,世界气象组织把这座"楼"分为五层,自下而上依次是:对流层、平流层、中间

层、暖层和散逸层。中间层、暖层和散逸层统称为高层大气。

对流层是大气圈的最底层,集中了大气圈质量的3/4和几乎全部的水汽、杂质,大气中的污染物也多集中在这一层。对流层的高度因纬度而异,在低纬度地区为17~18千米,在高纬度地区仅为8~9千米。对流层气温随高度的升高而递减,在对流层的顶部气温降至−60℃。对流层的大气上部冷、下部热,有利于大气的对流运动。低纬度地区受热多,对流旺盛,对流层所达高度就高。近地面的水汽和杂质通过对流运动向上输送,在上升过程中随着气温降低,容易成云致雨。云、雨、雾、雪等天气现象都发生在这一层。人类生活在对流层的底部。

平流层范围自对流层顶部至50~55千米高空。平流层气温随高度升高而升高。该层大气的下层气温随高度变化很小,但是在30千米以上,气温随高度增加而迅速上升。这是因为平流层中的臭氧吸收大量太阳紫外线,使大气增温。在22~27千米范围内,臭氧含量达到最大值,形成臭氧层。臭氧层使地球上的生命免受过多紫外线的伤害,被称为"地球生命的保护伞"。平流层的大气上部热、下部冷,不易形成对流,主要以平流运动为主。该层大气中水汽和杂质含量很少,无云雨现象,能见度好,适合航空飞行。

平流层以上的大气统称高层大气。自平流层顶部开始,由于没有吸收紫外线的臭氧,气温会下降;随后,由于大气吸收了更短波长的太阳紫外线,温度又持续上升,在300千米的高空,温度可达1000℃以上。在80~120千米的高空,多数来自太空的流星体会燃烧,成为我们夜晚看到的流星。在80~500千米的高空,有若干电离层。电离层大气在太阳紫外线和宇宙射线的作用下,处于高度电离状态,能反射无线电波,对无线电通信有重要作用。高层大气的空气密度很小。在2000~3000千米的高空,大气的密度已

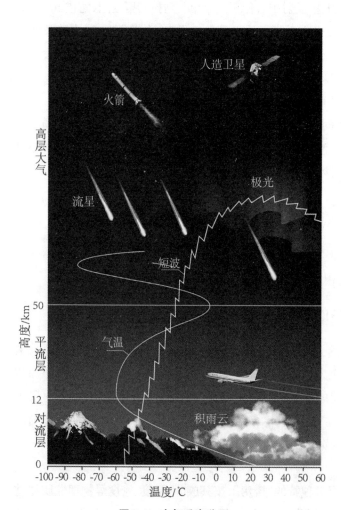

图6-4 大气垂直分层

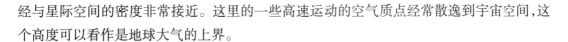

经与星际空间的密度非常接近。这里的一些高速运动的空气质点经常散逸到宇宙空间,这个高度可以看作是地球大气的上界。

【思考与讨论】

1. 为什么飞机适合在平流层飞行?

2. 无线电通信运用了哪一层特性?

3. 航天员在对流层以外的大气环境下活动需要配备特制宇航服的原因?

四、地理信息技术在航天中的应用

地理信息技术即"3S"技术,包括地理信息系统(GIS)、遥感(RS)、全球导航卫星系统(GNSS)。我国地理信息技术的发展起始于20世纪50年代。60年代我国利用航空摄影开展地形测量工作。70年代我国发射了人造地球卫星,开始了航天遥感的实验研究。90年代我国研制出了GIS基础软件,提出了"中国数字地球"。跨入21世纪,我国还建设了具有自主知识产权的区域性卫星定位与"北斗导航系统",成为世界上继美国、俄罗斯之后,第三个拥有卫星定位与导航系统的国家。地理信息技术在现代生产和生活中发挥着重要的作用,也助力航天事业的发展。

【资料阅读】

中国空间站绕地球一周90分钟,也就是说90分钟我们就经历一次日出日落。在空间站里,除了有北京时间,还有世界时间、相对飞行时间和绝对飞行时间。根据各时的任务不同,航天员们采用的时间也不一样。空间站内有人驻留的情况下,一般采用北京时间。空间站是如何实现时间的精确确定和同步的呢? 也是靠全球导航卫星系统实现的。

2022年4月16日9时56分,神舟十三号载人飞船返回舱在东风着陆场成功着陆。在搜救过程中,我国首次利用无人车参与航天器搜救。可以说,搜救任务能够顺利开展也得益于应用到了"北斗"卫星导航系统。

【思考与讨论】

结合以上实例,谈谈地理信息技术在我国航天事业发展中的应用价值。

【相关链接】

北斗卫星导航系统是我国自行开发研制,具有自主知识产权、自主控制的区域性卫星定位与导航系统。它覆盖我国全境及周边地区。2020年我国已全面建设成由3颗地球静止轨道卫星、3颗倾斜地球同步轨道卫星和24颗中圆地球轨道卫星组成的"北斗三号"。它将定位导航与卫星通信集成一体,能够全天候、全天时提供卫星导航和通信服务。北斗卫星导航系统为全球军民用户提供陆、海、空导航定位服务,在军事、资源环境、防灾减灾、救援、测绘、电力电信、城市管理、工程建设、机械控制、交通运输、农业、林业、渔牧业、考古业、生活、物联网、位置服务中都有应用。

【课后练习】

中国海南航天发射场位于海南省文昌市附近,该发射场基本满足中外各种轨道卫星发射的要求,也为中国运载火箭更多参与国际商业航天发射提供了广阔空间,有利于促进中国空间技术发展良性循环。同时,海南航天发射场对于优化和完善中国航天发射场布局、推动航天事业可持续发展具有重要战略意义,并对带动海南省基础设施建设、促进当地旅游业发展、繁荣区域产业具有积极作用。

1. 说明我国在海南建发射场的区位优势及重大意义。

2. 与其他航天中心相比,海南航天发射中心的不足有哪些?

【参考答案】

1. 可利用纬度低的优势,提高地球同步轨道卫星运载能力,延长卫星使用寿命,效费比高。其他三个发射场均建在内陆地区。海南航天发射场使得沿海和内陆、高低纬度相结合,利于优化我国航天发射场布局;提高我国航天发射综合能力,促进国际合作和扩大对外航天发射服务,提高商业发射竞争力;推动当地基础设施建设,带动旅游等区域产业发展;有利于推动航天科普事业发展。

2. 降水丰富,大气能见度低,不利于发射。

第二节　在航天领域开展的地理科学研究 ——地理信息技术(3S技术)

【导言】

2020年6月23日上午,我国在西昌卫星发射中心用长征三号乙运载火箭,成功发射北斗系统第55颗导航卫星,暨北斗三号最后一颗全球组网卫星,至此我国北斗导航进入全球组网时代,随着系统一步步升级完善,北斗立足中国、放眼世界,不断扩大服务覆盖范围,让越来越多的国家体验到"中国智慧"。日臻完善的中国北斗,正在加速"融入世界"。随着我国航天技术不断发展,航天遥感(RS)、地理信息系统(GIS)、全球导航卫星系统(GNSS)三种对地观测新技术在许多学科和国民经济的重大科研领域中,发挥着越来越重要的作用。

【学习目标】

1. 了解3S技术的特点、功能及发展历程。

2. 结合实例,说明遥感技术在资源普查、环境和灾害监测中的应用。

3. 结合实例，说明地理信息系统的功能及在 3S 技术中的地位。

4. 结合实例，说明 GNSS 在定位导航、科学研究中的作用。

一、3S 技术的发展历史与现状

1993 年，美国政府开始推行国家信息基础设施（NII）计划，俗称信息高速公路（ISH），其技术含义实际为"高速信息电子网络"。1994 年 4 月，由美国 30 多所著名大学、国家高新技术项目署和美国自然科学基金会联合提出，基于 3S 技术的地理空间数据的处理是实现 NII 的"瓶颈"问题，由此促使全球地理信息技术高速发展。2000 年，"数字地球"这一概念在美国的兴起，全球信息产业总产值也突破了万亿美元的规模，带动信息技术及相关产业的蓬勃发展。

从 2000 年以后，中国政府也开始认识到数字化不仅仅是硬件、软件和平台技术，而更多的应该与空间技术相关，与 3S 技术相关的空间技术应用也被越来越多的人所认知。像"数字奥运""数字城市""数字流域"等以空间数据为基础的国家级大项目一一上马，使得 3S 产品大量地涌向市场，为 3S 技术进入市场创造了良好的条件。在国家科技攻关计划和高技术研究发展计划的大力支持下，我国遥感技术、地理信息技术和全球导航卫星系统技术得到了重大发展并取得了一系列重大成果。

进入 21 世纪后，在人类所接触到的信息中，有 80% 与地理位置和空间分布有关，3S（RS、GIS、GNSS）常常集成为一个综合的应用系统，GNSS 进行实时定位，RS 进行数据采集更新，GIS 进行空间分析和综合处理等。三者既相对独立，又密切关联，是当前 IT 界及相关应用行业的热门技术之一。如何将 3S 技术有机地集成在一起，实现信息在线的连接、实时的处理是目前研究的热点问题之一，集中了空间、电子、计算机、数据库、信息、通信、人工智能和地球科学等众多学科的最新成就。3S 的应用改变人类观测地球和信息处理的方式，极大开拓了人类的视野，增强了人类认识世界的能力，对未来人类的世界观和生活、生产以及信息交流方式产生了深远的影响。

【思考与讨论】

1. 在生活中你都使用过哪些 3S 技术产品？

2. 查阅资料，找一找 3S 技术在国民经济的哪些领域发挥越来越重要的作用。

二、3S 技术的研究及应用

（一）遥感（RS）

遥感，顾名思义，就是遥远的感知。地球上的每一个物体都在不停地吸收、发射和反射信息和能量。其中的一种形式——电磁波，早已经被人们所认识和利用。人们发现不同物体的电磁波特性是不同的。遥感就是根据这个原理来探测地表物体对电磁波的反射和其发射的电磁波,从而提取这些物体的信息,完成远距离识别物体。

人们利用飞机、卫星等空间平台上的传感器(包括可见光、红外线、微波、激光等传感器)从远距离高空以至外层空间的平台上,通过摄影或扫描方式获取地面目标物的图像或数据,并对这些图像或数据进行传输和处理,从而识别地面目标的特征、性质和状态。

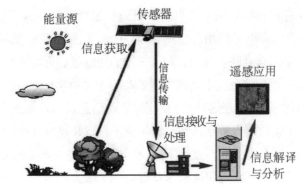

图6-5 遥感的基本工作原理示意图

各种卫星通过不同的遥感技术实现不同的用途,如气象卫星是用于气象的观测预报;海洋水色卫星用于海洋观测;陆地资源卫星用于陆地上所有土地、森林、河流、矿产、环境资源等的调查;雷达卫星是以全天候(不管阴天、云雾)、全天时(不管黑天、白天)以及能穿透一些地物(如水体、植被及土地等)为特点的对地观测遥感卫星。

【问题研究】

案例1:从太空看火神山,航天遥感见证中国速度

2020年伊始,一场抗击新冠疫情的战役在中国打响。疫情迅速蔓延,愈演愈烈,中央紧急决策部署,全国各地采取行动,为全民健康保驾护航。1月底,中央决定在疫情最为严重的武汉市建造火神山、雷神山抗击新冠病毒肺炎专科医院,以最优决策、最高效率,从选址、设计到建设、使用全过程,进行了周密筹划、精心准备,在短短的十几天时间内两所医院拔地而起,让世界又一次见证了中国速度。

图6-6 中国陆地观测卫星观测到的火神山建设前后遥感影像

【思考与讨论】

1. 从图中,你能判断出几种土地利用类型?

2. 我们生活中哪些方面使用遥感技术? 试举例说明。

使用遥感技术获得地理事物图像信息与传统拍摄方式有很大不同,主要有以下特点:

(1) 感测范围大,具有综合、宏观的特点;

(2) 信息量大,具有手段多、技术先进的特点;

(3) 获取信息快,更新周期短,具有动态监测的特点;

(4) 用途广、效益高。

因此遥感技术广泛应用于气象、地质、地理、农业、林业、陆地水文、海洋、测绘、污染监测及军事侦察等领域。比如植被资源调查、气候气象观测预报、作物产量估测、病虫害预测、环境质量监测、交通线路网络与旅游景点分布等。

【问题研究】

案例2:利用遥感评估武汉市生态环境质量

随着城镇化进程的不断加快,城市生态环境问题日益突出,已经影响到城市经济发展和市民生活质量。对城市生态环境质量评估,了解生态环境状况及掌握其变化规律,不仅有利于促进区域经济可持续发展,而且对于城市生态文明建设具有重要的现实意义和参考价值。

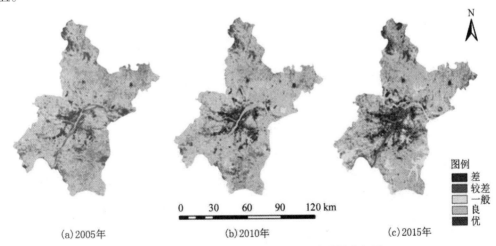

图例
■ 差
■ 较差
□ 一般
□ 良
■ 优

(a) 2005年　　　　(b) 2010年　　　　(c) 2015年

图6-7　2005—2015年武汉市生态环境质量分级图

通过对武汉市2005—2015年遥感影像的分析,可以直观地看到武汉生态环境质量不断下降,这主要与武汉市经济快速发展,人类活动造成植被覆盖减少,湖泊面积的逐渐缩减和城市扩张引起土地利用结构的转变有关,从空间格局上,中心城区如青山、汉阳、洪山、武昌等生态环境质量明显低于黄陂、江夏、蔡甸等周边城区。生态环境的优劣与行政区经济发展水平及定位密切相关,武汉正在通过不断优化产业布局和产业升级来治理城市生态环境。

【思考与讨论】

1.绿色植被与城市建筑在遥感图像中的呈现方式不同,原理是什么?

2.城市绿地不断减少的原因有哪些? 可能带来哪些危害?

(二)地理信息系统(GIS)

地理信息系统由计算机硬件、软件和不同的方法组成的系统,该系统可以支持空间数据的采集、管理、处理、分析、建模和显示,以便解决复杂的规划和管理问题。它是一种基于计算机的工具,通常在地图中分析、存储、操作和可视化地理信息。

GIS由系统硬件、系统软件、空间数据、应用人员、应用模型五部分组成,通过GIS应用程序可以进行交互式查询、空间信息分析、地图中的数据编辑以及显示。

GIS的含义由3部分组成:地理、信息和系统。

地理:它以地圈、水圈、生物圈等所包含的各种物质、能量和信息的地理分布为研究对象。

信息:是社会共享人类一切知识、学问以及从客观现象中提炼出来的各种信息的总和。

系统:对计算机而言,是对实现某些特定的功能,由必要的人、机器、方法和程序,按一定的相互关系联系起来进行工作的集合体。

GIS技术现已在资源调查、数据库建设与管理、土地利用及其适宜性评价、区域规划、生态规划、作物估产、灾害监测与预报、精确农业、线路分析、缓冲分析、设备布设优化与管理、工程变化检测、运行情况监控等方面得到广泛应用。

【问题研究】

案例3:利用GIS技术实现环境质量实时监测和预测

随着经济的高速发展,环境问题愈来愈受到人们的重视,传统的环境管理方式已不断受到挑战,逐渐落后于经济发展的要求,而GIS技术可为环境评价、环境规划管理等工作提供有力工具,如环境监测和数据收集、建立基础数据库和环境动态数据库、建立环境污染的有关模型、提供环境管理的统计数据和报表输出、环境作用分析和环境质量评价、环境信息传输和制图等。例如"环境地图"就是利用RS和GIS技术,利用GIS将通过遥感获得的各种影像图层进行技术处理,提供给人们进行环境质量查询和预测的工具。人们通过手机就可以查看当地城市以及全国主要城市的空气、水体和企业排污等环境信息,还可以查询当地城市4天内空气污染指数的预测值,以及城市的地表水水质等级和使用建议等。

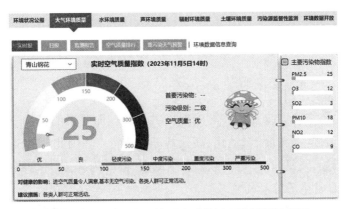

图6-8　武汉市生态环境局实时监测环境质量示意图

【思考与讨论】

1. 当你查询空气质量状况时使用了哪些3S技术?

2. 生活中,还有哪些方面可以应用GIS技术? 请举例。

(三)全球导航卫星系统(GNSS)

全球导航卫星系统是具有海、陆、空全方位实时三维导航与定位能力的新一代卫星导航与定位系统。

1. GNSS主要组成部分

(1)空间部分。GNSS的空间部分是由几十颗卫星组成(包含工作卫星和备用卫星)。

(2)地面控制系统。地面控制系统由监测站、主控制站、地面天线所组成。地面控制站负责收集由卫星传回之信息,并计算卫星星历、相对距离、大气校正等数据。

(3)用户设备部分。用户设备部分即导航卫星信号接收机。其主要功能是能够捕获到按一定卫星截止角所选择的待测卫星,并跟踪这些卫星的运行。

图6-9　GNSS的组成

【思考与讨论】

指出图6-9中事物分别属于GNSS的哪个组成部分?

2.GNSS的功能及应用

GNSS测量技术能够快速、高效、准确地提供点、线、面要素的精确三维坐标以及其他相关信息,具有全天候、高精度、自动化、高效益等显著特点。因此,GNSS技术广泛应用于军事、民用交通(船舶、飞机、汽车等)导航、大地测量、摄影测量、野外考察探险、土地利用调查、精确农业以及日常生活等不同领域。

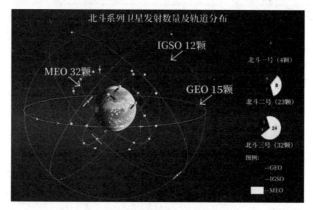

图6-10 我国自行研制的全球导航卫星系统——北斗卫星导航系统

(1)个人位置服务。当你进入不熟悉的地方时,你可以使用装有卫星导航接收芯片的手机或车载卫星导航装置找到你要走的路线。

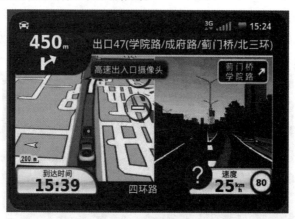

图6-11 卫星导航服务

(2)气象应用。导航卫星气象应用的开展,可以促进天气分析和数值天气预报、气候变化监测和预测,也可以提高空间天气预警业务水平,提升气象防灾减灾的能力。除此之外,导航卫星系统的气象应用对推动导航卫星创新应用和产业拓展也具有重要的影响。

（3）道路交通管理。卫星导航将有利于减缓交通阻塞,提升道路交通管理水平。通过在车辆上安装卫星导航接收机和数据发射机,车辆的位置信息就能在几秒钟内自动转发到中心站。这些位置信息可用于道路交通管理。

（4）智能交通。卫星导航将促进传统运输方式实现升级与转型。例如,在铁路运输领域,通过安装卫星导航终端设备,可极大缩短列车行驶间隔时间,降低运输成本,有效提高运输效率。未来,卫星导航系统将提供高可靠、高精度的定位、测速、授时服务,促进铁路交通的现代化,实现传统调度向智能交通管理的转型。

当飞机在机场跑道着陆时,最基本的要求是确保飞机相互间的安全距离。利用卫星导航精确定位与测速的优势,可实时确定飞机的瞬时位置,有效减小飞机之间的安全距离,甚至在大雾天气情况下,可以实现自动盲降,极大提高飞行安全和机场运营效率。通过将卫星导航系统与其他系统的有效结合,将为航空运输提供更多的安全保障。

（5）应急救援。卫星导航已广泛用于沙漠、山区、海洋等人烟稀少地区的搜索救援。在发生地震、洪灾等重大灾害时,救援成功的关键在于及时了解灾情并迅速到达救援地点。比如,北斗卫星导航系统除导航定位外,还具备短报文通信功能,通过卫星导航终端设备可及时报告所处位置和受灾情况,有效缩短救援搜寻时间,提高抢险救灾时效,大大减少人民生命财产损失。

（6）智慧农业。智慧农业领域主要有三类规模化应用场景:一是农机自动驾驶应用,提高农机作业精度,实现节本节能增效;二是农机远程运维应用,提升企业服务能力,改进农机产品质量;三是农机大数据应用,掌握农机作业效率,优化农机发展政策。比如,北斗/GNSS农机自动驾驶系统可以直接驱动农机转向系统替代驾驶员操作方向盘,实现农机自动驾驶或无人驾驶。该系统已广泛应用于播种、打药、耙地、犁地、中耕、收获、插秧、开沟和起垄等作业,在风沙天和黑夜等能见度较低的情况下也可正常作业。

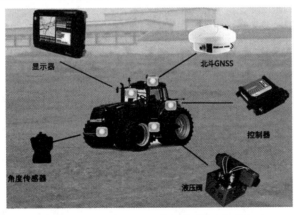

图6-12　北斗/GNSS农机自动驾驶系统

（7）科学研究。GNSS在科学研究中有广泛的应用。很多科学研究,例如地质学研究、生物学研究、海洋学研究、全球气候研究、水文学研究等,都把GNSS作为重要的定位手段。

【问题研究】

利用GNSS开展野生东北虎研究

利用北斗定位＋移动通信技术,开展珍稀野生动物栖息地调查和野生动物的追踪监测等应用。利用北斗定位标识器实时采集动物的位置、生理状态信息(如体温、脉搏)、运动状态等信息,定时回传至处理平台,通过跟踪分析研究野生动物的生活习性等,为野生动物保护和科学研究提供重要支撑。

图6-13　GNSS定位导航终端设备

2021年5月,东北虎"完达山1号"回归自然。北斗跟踪项圈每隔一小时回传一次位置信息,开展了对东北虎生活习性等跟踪研究。

图6-14　东北虎

图6-15 东北虎"完达山1号"放归监测轨迹图

【思考与讨论】

1. 与传统研究方式相比,GNSS在进行东北虎习性跟踪研究方面有哪些优势?

2. 在使用GNSS进行生物学研究时需要注意哪些问题?

三、3S技术发展趋势

(一)一体化

计算机和空间技术的发展、信息共享的需要以及地球空间与生态环境数据的空间分布式和动态时序等特点,将推动3S一体化。地理信息技术为遥感对地观测信息提供实时或准实时的定位信息和地面高程模型;遥感为地理信息系统提供自然环境信息,为地理现象的空间分析提供定位、定性和定量的空间动态数据;地理信息系统为遥感影像处理提供辅助,用于图像处理时的几何配准和辐射订正、选择训练区以及辅助关心区域等。3S一体化将最终建成新型的地面三维信息和地理编码影像的实时或准实时获取与处理系统。

(二)精确化

在未来,遥感图像的空间分辨率、光谱分辨率和时间分辨率都会有极大的提高,其应用领域随着空间技术发展。GIS将向三四维空间发展,数字摄影测量系统(DPS)、遥感系统(RS)、全球导航卫星系统(GNSS)、专家系统(ES)与地理信息系统(GIS)等5S技术的整体结合使GIS向更高层次发展。GNSS将能为用户提供连续、实时的三维位置,三维速度和精密时间,不受天气的影响;单机定位精度优于10米,采用差分定位,精度可达厘米级和毫米级;随着人们对科学技术的不断突破,3S技术将在各个方面得到更广泛的应用,而且其精确程度将不断扩大。

(三)广泛化

随着我国经济社会的不断发展,各种超大型、全国性的工程不断开工上马。工程机械、机电设备的一体化、检测设备的不断智能化,必将使3S技术在进行线路分析、缓冲分析、设备布设优化与管理、工程变化检测、运行情况监控等方面发挥重要作用。

结语

在信息时代,3S技术将真正做到无缝集成,整合成一个多功能全方位的、高效易用的系统,同时,还将与多媒体技术、网络技术、分布知识智能(KDI)、分布式对象技术等相结合,建立"数字城市""数字国家""数字地球",形成完备的公众服务体系。随着空间技术及其相关高技术的迅速发展和相互融合,21世纪3S空间信息技术全面步入集成化、网络化和产业化应用的新时期。空间信息技术应用在国民经济社会发展中的地位将不断提高,空间信息产业可望成为信息产业中具先导性的重要组成部分,其发展水平将直接关系到一个国家的综合国力和国土安全。

第三节 高中地理学业水平考试中的航天知识

航天业是现代工业体系的最前沿,是一个国家科技综合实力的集中体现,航天业的深入发展不仅极大地促进了理工类学科的发展,也推动了地球起源、太阳系探索、宇宙大爆炸理论等方面的研究,从哲学层面回答"从哪里来""到何处去"等关于人生意义的问题。从经济和应用的角度来看,航天科技已经深入日常生活的方方面面。例如各大卫视节目、手机导航、天气预报等,分别用到了卫星通信、GNSS、RS等航天科技成果。因此,航天领域具有极大的经济、国防等效益。

随着自主创新的深入推进,我国的航天航空获得了飞速发展,取得众多辉煌成就。如北斗卫星导航系统建成开通,完成探月工程,开展中国空间站建设等,这使得近年来在高考地理试题的命题中,经常出现与航天航空相关的地理知识。本节重点分析了深空探测、发射与回收基地选址、发射窗口、天体运行与空间关系、地理信息技术等与航天相关点高中地理试题,希望学生在面对高中地理知识与航天航空方面结合的相关试题能够从容应对。

一、深空探测

【例1】 2020年被称为火星年,2020年7月20日、23日、30日阿联酋、中国、美国相继发射了希望号、天问一号、毅力号火星探测器。下表为地球与火星基本状态比较。

行星	质量(地球为1)	体积(地球为1)	主要大气成分	公转周期	自转周期
地球	1.00	1.00	氮、氧	1年	23时56分
火星	0.11	0.15	二氧化碳	1.9年	24时37分

(1) 三个国家几乎同时在7月发射火星探测器的原因是,7月(　　)。

A. 气温高,有利于发射　　　　B. 地球处于远日点

C. 太阳活动少,干扰小　　　　D. 地球距火星最近

(2) 推测火星与地球相比(　　)。

①大气密度大　②昼夜温差大　③季节变化快　④平均密度小

A. ①②　　　　B. ①③　　　　C. ②④　　　　D. ③④

(3) 火星是科学家认为除地球以外最有可能存在生命的天体,因为火星(　　)。

A. 有四季变化　　　B. 大气含碳氧　　　C. 属类地行星　　　D. 可能存在水

解析　(1)由于火星绕日轨道为椭圆,其近日点与远日点差距较大,7月地球公转与火星公转到达的位置二者相距较近,因此发射火星探测器所耗燃料较少。气温对发射影响不大,因为是发射火星探测器,与地球距太阳的距离无关。太阳活动是有周期性的,7月并不一定有明显的太阳活动。D正确,ABC错误,故选D。

(2)由于火星质量和体积都比地球小很多,因此,火星大气密度很少,则大气对太阳辐射的削弱作用较弱,保温作用也弱,火星上的昼夜温差大。根据体积、密度、质量关系可计算出火星密度比地球小。由于火星公转周期长,故四季变化慢。②④正确,C正确,ABD错误,故选C。

(3)一般地,水是存在生命物质形成的基本条件,有水才可能有生命。火星是科学家认为除地球以外最有可能存在生命的天体,因为火星可能存在水,D正确,ABC错误,故选D。

答案　(1)D　(2)C　(3)D

二、发射、回收与探测基地选址

【例2】(2010·浙江卷)下图是某区域略图。读图6-16,完成下列问题。

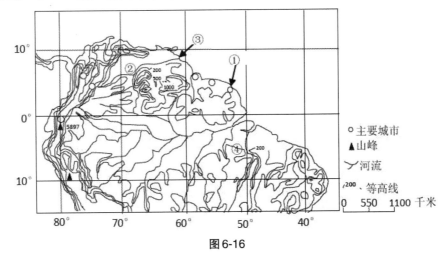

图6-16

简述①地建设航天发射基地的有利条件和不利因素。

解析　航天发射基地选址的区位条件应从纬度位置、气候、地形、交通、人口密度等方面分析。图示①地靠近赤道,纬度低,线速度大,节省燃料;①位于沿海,海运交通便利,利于大型航天发射器的运输;等高线稀疏,地势平坦开阔,人口稀少,利于工程的建设。不利条件:该地位于热带雨林气候区,阴雨天多,发射的天气状况不好。

答案　有利条件:纬度低,海运便利,地形平坦开阔,人口稀少等。不利条件:天气多变。

【例3】　中国科学院天文台500米口径球面射电望远镜,简称FAST,位于贵州省黔南布依族苗族自治州平塘县克度镇大窝凼的喀斯特洼坑中,大窝凼位于平塘县克度镇南面,由岩溶漏斗、落水洞、天坑以及溶洞组成,是罗甸县大小井地下暗河的核心地段,是隐藏在贵州群山深处的一片天然洼地。读图6-17,完成下列问题。

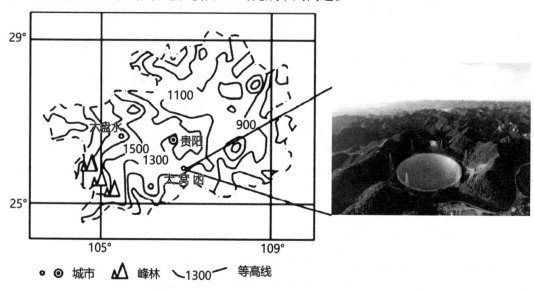

图6-17

(1)从地貌角度,说明FAST选址大窝凼的原因。

数据中心是全球协作的特定设备网络,用来在internet网络基础设施上传递、加速、展示、计算、存储数据信息。数据中心的规模以设备运行耗能的多少来衡量,制冷能耗比重高。贵安新区是中国第八个国家级新区,是南方数据中心核心区。最近几年我国大型数据中心有从"北上广"向贵安新区转移的趋势。

(2)根据图文资料,指出在贵安新区建设大型数据中心的优势条件。

预计FAST未来十年的数据量将达到100PM,2017年FAST数据中心落户贵安新区。

(3)FAST数据处理中心建设对我国天文事业发展的具体影响有哪些?请回答两项。

2018年上半年平塘县共接待游客513.63万人次,同比增长40.58%。"十一黄金周"平塘县天眼景区游客爆满。

(4)为保障FAST科学探测,请你给天眼景区旅游业发展提出合理建议。请回答两项。

解析　(1)以喀斯特地貌为主,该地"是隐藏在贵州群山深处的一片天然洼地",天然洼地地形与FAST的球面造型接近,建设时可充分利用有利地形,减少工程开挖量,节省成本;亚热带季风气候年降水量大,雨季雨量多,该地地貌有岩溶漏斗、落水洞、天坑等,有利于雨水下渗,减少了FAST周边附近的地表积水;地处云贵高原地区,周围山地面积广,城市数量少,受人类活动影响小(光污染、大气污染少),天文观测环境好。

(2)材料"制冷能耗比重高",说明数据中心运行能耗大,贵州煤炭资源丰富,地势起伏大、年降水量大,水能资源丰富,火电站、水电站数量多(见图6-17),为数据中心的运行提供了丰富且廉价的能源;"贵安新区是中国第八个国家级新区",有国家政策的支持,资金、技术有更好的保障;大型数据中心属高新技术产业,该类产业的布局通常还需要优美的环境、宜人的气候、便捷的交通等区位条件;该地为亚热带地区,纬度较低,冬季受冷空气影响较小,气候温和,高原地形,地势较高,夏季凉爽,气温适宜;水热条件好,地处我国西南林区,植被茂密,空气质量高,环境优美。

(3)数据处理中心有传递、加速、展示、计算、存储数据信息的功能;天文观测范围广、时间长,需要存储的数据多,数据的处理量大,数据中心的建设有利于及时存储、处理海量天文观测数据;数据中心的建设能提高信息传递的速度和容量,实现天文观测数据在网络上的传输;通过借助数据中心强大的存储、计算功能,有利于天文学家更深入地分析天文数据信息,促进我国天文学课题的研究。

(4)材料显示天眼景区游客规模大,增长快,尤其是节假日游客"爆满",这不利于景区的可持续发展。游客规模过大,对科研工作造成干扰,同时容易对景区自然环境造成破坏,因此要严格控制进入景区游客数量,将游客数量控制在合理规模内;实行网上预约,使景区能够更好地控制游客规模,也能让游客更好地安排游览活动;大量游客把手机、智能手环等电子产品带入景区会对FAST安全运转、精准接收电波信号产生干扰,因此要严禁游客带入;增强游客文明意识,提倡文明游览,保护景区设施和自然环境。

答案　(1)喀斯特天然洼地接近FAST的造型,工程开挖量小;落水洞、地下暗河等地貌,有利于雨水下渗;周围山地面积广,天文观测环境好。

(2)火电站、水电站数量多,能源丰富且价格低;纬度低、地势高,冬暖夏凉,气温适宜;地处我国西南林区、森林覆盖率高,空气质量高;国家政策支持。

(3)及时存储、处理海量天文观测数据;实现天文观测数据在网络上的传输;促进对天文数据的挖掘、研究。(回答两项即可)

(4)严格控制进入景区游客数量;实行网上预约游览制度;严禁游客把手机、智能手环等电子产品带入景区;提倡文明游览。(回答两项即可)

三、航天发射窗口选择

【例4】 "发射窗口"是指运载火箭发射时比较合适的一个时间范围。这个范围的大小也叫发射窗口的宽度。它是根据地面观察、发射距离、气象条件等需要,建立一个数学模型,输入相应数据,再经过精密计算推导出来的。读太阳系八大行星与公转周期示意图,完成下面小题。

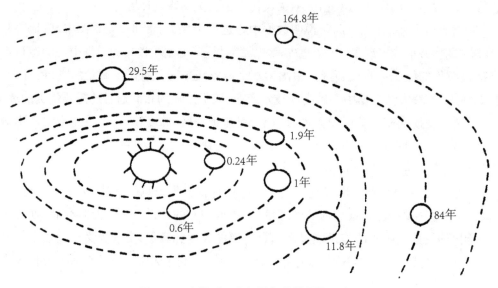

图6-18 太阳系八大行星与公转周期示意图

(1)为了便于地面观测运载火箭刚进入轨道前几分钟里的运行状况,要求火箭在天空较暗的背景里呈现明亮的金属反光箭体,其发射窗口应选在(   )。

A.半夜   B.傍晚   C.正午   D.上午10时

(2)向火星发射探测器,发射窗口每2年零1个月才有一次选择机会,窗口宽度可达2个月,主要原因是(   )。

A.气象条件限制   B.地球公转周期影响

C.火星公转周期影响   D.地球与火星会合周期影响

解析 (1)傍晚时太阳高度角较小,大气对太阳辐射的反射、散射等作用比较强,因此此时的光照强度较小,天空较暗,但仍有太阳光照,此时的太阳光照射在火箭的金属反光箭体上,在较暗的天空背景里显得明亮。

(2)火星和地球公转周期差别较大,每隔2年零1个月,火星和地球才能会合,此时是发射火星探测器的最好时机。

答案 (1)B (2)D

【例5】　库鲁(5°14′N,52°46′W)航天发射中心也称圭亚那航天中心,是法国唯一的航天发射场,位于南美洲北部法属圭亚那中部的库鲁地区、大西洋沿岸。据此完成下面小题。

(1)与法国之前在阿尔及利亚撒哈拉沙漠的哈马基尔发射中心相比,库鲁发射中心最大的优势为(　　)。

A.降水少,晴天多,发射窗口期长

B.经济较发达,腹地依托更强

C.初速度大,节省动力

D.风力较弱,处于飓风区之外

(2)卫星及载人飞船多采用太阳能电池供电。航天器20分钟后进入轨道,多选择地球受到太阳照射的一面,这时太阳电池翼受到阳光的照射,可立即发电供航天器使用。如圣诞节前夕库鲁计划发射一枚同步通信卫星,最佳时间为(　　)。

A.北京时间(东八区)18:00

B.世界时间(0时区)7:00

C.美国东部时间(西五区)15:00

D.美国太平洋时间(西八区)20:00

解析　(1)与阿尔及利亚撒哈拉沙漠的哈马基尔发射中心相比,库鲁发射中心最大的优势是接近赤道,纬度较低,地球自转线速度大,发射时初速度大,可节省核燃料。故C正确。哈马基尔是热带沙漠气候,降水少,晴天多,发射窗口期长;不受飓风影响;当地经济发展水平和腹地对卫星发射中心影响不大,A、B、D错误。故选C。

(2)圣诞节前夕为北半球冬季,库鲁因位于赤道以北,所以白天应始于6点之后,结束于18:00之前。北京时间(东八区)18:00,库鲁(约52°W、西三区)当地时间约为7:00,刚日出不久,是最佳发射时间,A正确;世界时间7:00时,库鲁当地时间约为4:00,尚未日出;美国东部时间(西五区)15:00时,库鲁当地时间约为17:00,即将日落;美国太平洋时间(西八区)20:00时,库鲁当地时间约为1:00,适逢子夜。BCD错误。故选A。

答案　(1)C　(2)A

四、天体运行与空间关系

【例6】　(2020·浙江模拟)月球与八大行星一样作自西向东公转,在地球上的观测者可以观测到月球、地内行星经过太阳表面的天象,且前者比后者经过日面的时间短。下图为甲地观测到的正午、子夜太阳高度年内变化示意图。完成下面小题。

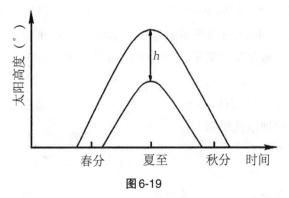

图6-19

（1）若 h 为11°，则该地夏至日正午太阳高度为（   ）。

A. 18°   B. 23.5°   C. 29°   D. 34.5°

（2）若观测者在甲地某日先后观测到月球、水星经过太阳表面的天象，则第二天正午三大天体在星空中的位置可能是（   ）。

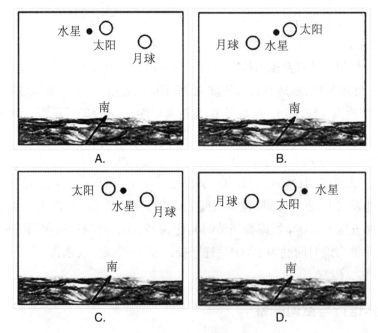

解析　（1）甲地夏至日正午、子夜太阳高度均大于0，说明甲地位于北半球且出现极昼。设甲地的纬度为 $X°$，则甲地夏至日正午太阳高度 $H=90°-(X°-23.5°)$，子夜的太阳高度 $h=90°-(90°-X°+90°-23.5°)$，$H-h=11°$。可知 $X°=84.5°$，代入 $H=90°-(X°-23.5°)$ 公式，可得 $H=29°$，C正确。

（2）在此天象观测中，太阳的位置相对不动，地球不断在自西向东自转，月球围绕地球自西向东公转，月球运行到日地之间、自东向西经过太阳表面，在图中应该是自东向西运动,月球比水星经过日面的时间短,说明月球视运动速度快于水星。水星绕太阳公转需要88天,水星在日地之间、经过日面时的运动方向在图中是自西向东运动,某日水星经过日面时,第二天正午水星应该位于图中太阳东侧,AB错误。月球视运动速度快于水星,自东向西运动,第二天正午月球应该位于图中太阳西侧较远位置,D正确,C错误。故选D。

答案　(1)C　(2)D

【例7】　(2020·江苏卷)2020年4月8日22时,小明在上海观赏了"超级月亮"。下图为"月亮视直径最大与最小时的对比示意图"。据此完成下面小题。

"超级月亮"看起来大了14%,亮了30%

月亮看起来最小的时候

图6-20

从天体运动位置看,此时"超级月亮"(　　)。

A.月球位于远地点附近　　　　B.月球位于近地点附近

C.地月系位于远日点附近　　　D.地月系位于近日点附近

解析　月球围绕地球公转,其公转轨道是椭圆轨道,地球位于其中一个焦点上,"超级月亮"比平常看起来更大、更亮,说明此时月球位于公转轨道的近地点附近,离地球距离较近,A错误,B正确;地月系位于近日点或远日点对于"超级月亮"没有影响,C、D错误。故选B。

答案　B

【例8】　(2020·上海卷)2020年3月28日傍晚,某一中学天文爱好者观测拍下"金星伴月"一幕,当天的农历日期是(　　)。

图6-21　金星伴月

A. 三月初五　　　　B. 三月十二　　　　C. 三月十九　　　　D. 三月廿六

解析　蛾眉月是农历的月相,弯弯蛾眉月,形状如同眉毛,由此而得名。分为新月蛾眉月和残月蛾眉月,新月蛾眉月是在月初的傍晚,出现在西方天空,月面朝西,呈反C状。残月蛾眉月在月末的黎明,出现在东方天空,月面朝东,呈C状。图中的月相月面朝西,呈反C状,且形状如同眉毛,是新月蛾眉月,是指农历月初到初六之间的月相,因此A正确。

答案　A

五、地理信息技术与数字地球

【例9】　(2021·浙江卷)GIS可通过图层信息来分析和预测地质灾害的发生。下图示意某区域相关要素评估值信息图层(数值越大表示该评估要素指示地质灾害发生概率越高)和地块编号。此次降水易引发地质灾害的地块是(　　)。

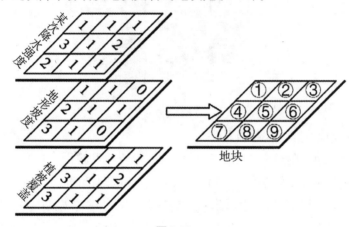

图6-22

A. ④⑦　　　B. ⑤⑧　　　C. ②③　　　D. ⑥⑨

解析　根据材料,"数值越大表示该评估要素指示地质灾害发生概率越高",则在某地降水强度土层中④⑥⑦地块指示发生地质灾害的频率较高;在地形图层中,④⑦地块指示发生地质灾害的频率较高;在植被图层中④⑦⑥地块发生地质灾害的频率较高;综合三个指标看,④⑦地块指示发生地质灾害的频率较高,故答案选A。

答案　A

【例10】　(2021·广东卷)据报道,2020年深圳市大疆创新科技有限公司的无人机产品占全球及国内市场份额分别超80%和70%。目前,德国是该公司在欧洲的最大市场。该公司在德国的金融中心法兰克福市设立了欧洲总部。据此完成下面小题。

无人机自动返航主要使用的技术是(　　)。

A. 气压感知　　　　B. 大地测量　　　　C. 遥感监测　　　　D. 卫星定位

解析　据所学知识可知,无人机自动返航需要实时位置信息,所以依托的技术是全球定位系统,因此其主要使用的技术是卫星定位。D正确。气压感知和大地测量无法获得无人机的位置信息,AB错误。遥感监测易受天气、地形等影响,移动物体位置信息精确度较低,不适于导航,C错误。故选D。

答案　D

【例11】　(2019·浙江卷)遥感图像是地物反射特征在图像上的反映,地物在某波段反射率高,则其在遥感图像上的亮度高(图中显示为浅色),反之亮度低(图中显示为深色)。图一是不同波段红树林的遥感图像。图二是红树林反射率曲线。图二反射率波段与图一遥感图像对应正确的是(　　)。

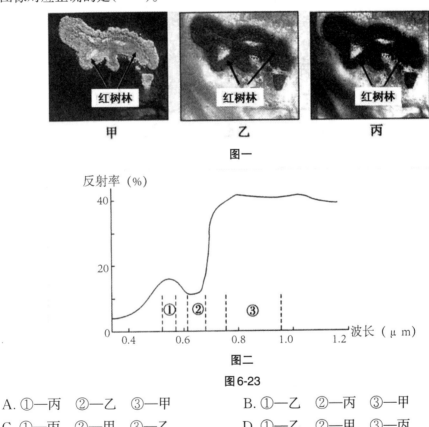

图6-23

A.①—丙　②—乙　③—甲　　　　　B.①—乙　②—丙　③—甲
C.①—丙　②—甲　③—乙　　　　　D.①—乙　②—甲　③—丙

解析　由材料可知,地物在某波段反射率高,则其在遥感图像上的亮度高(图中显示为浅色),反之亮度低(图中显示为深色),图中甲为浅色,反射率最高,对应③,乙颜色介于甲与丙之间,对应①,②反射率最低,对应颜色最深的丙,故选B。

答案　B

第七章　科创实践与航天

随着我国步入空间站时代，"祝融"探火、"羲和"逐日、"天和"遨游星辰……我国的航天事业迎来了前所未有的大发展。大发展需要靠自主创新，需要提升核心竞争力，这一切的关键是人才。

党的十九届六中全会提出："全面贯彻党的教育方针，优先发展教育事业，明确教育的根本任务是立德树人，培养德智体美劳全面发展的社会主义建设者和接班人。"

《普通高中课程方案》指出："统筹各方力量，创设课程实施条件和环境，开发课程实施所需的资源，为学生提供丰富、便利的实践体验机会。"

作为湖北省示范高中、武汉市普通高中特色学校，武汉市第四十九中学一直以国家《基础教育课程改革纲要(试行)》《普通高中课程方案》为指导，结合学校的办学目标和实际，本着对学生终身负责的精神，努力开发特色校本课程，传承学校文化，弘扬主体教育思想，以期实现特色兴校、质量强校。

2020年11月，该校获评"全国航天特色学校"。中国工程院院士、战略导弹与运载火箭专家龙乐豪率领相关专家团队到学校指导航天科技创新教育工作。龙乐豪院士受聘为学校"航天创新人才培养计划"首席专家，中国空间科学学会秘书长庞红勋、全国航天科普首席专家田如森受聘为"航天创新人才培养计划"特聘专家。2022年12月，该校被评为"全国科普科幻作文优质生源基地"。2023年1月，该校黄庆芳同学美术作品登上中国空间站，参加第二届天宫画展。

多年来，该校致力于航天科普教育与高中学科课程的深度融合，依托特色校本课程和丰富多彩的航天科普教育活动，培养了一批对航天有着浓厚兴趣、并立志为祖国航天事业奋斗终生的优秀学子，为北京航空航天大学、国防科技大学、中国人民解放军海军飞行学院(现中国人民解放军海军航空大学)、中国民航飞行学院等高等院校输送了一批优秀的航空航天人才。

后辈赓续承伟业，感天动地在人寰。随着"问天馆"的落成，该校将进一步增加航空航天教育投入，加强教学中的实践环节，将航空航天理论与教育实践有机结合起来，让更多学生了解航空航天，航天精神，参与航空航天，开启少年飞天梦，为祖国培养具有动手能力和创造能力的航空航天接班人。

第一节　航空航天类赛事

一、全国青少年航天创新大赛

（一）"全国青少年航天创新大赛"简介

"全国青少年航天创新大赛"是一项面向全国中小学生的科技创新大赛,由中国航天科技集团有限公司主办,旨在鼓励和促进青少年对航天科技的学习和创新,培养青少年的科学素养和创新精神,推动中国青少年科技创新事业的发展。

该比赛自2012年首次举办以来,已经成功举办多届,吸引了来自全国各地的中小学生参加。比赛的主要内容包括航天知识竞赛、创意设计、实验探究等多个环节,涵盖了航天科技、航空航天工程、机械、电子、计算机等多个领域,旨在为青少年提供一个全面、多元、开放、创新的科技创新平台,展示他们的创新才华和科技成果。

"全国青少年航天创新大赛"的宗旨是:提高青少年对航天科技的认识和了解,激发他们的科技兴趣和创新潜能,培养他们的科学素养和创新意识;推广航天科技,展示中国航天科技的发展成就,促进航天科技的普及和推广;培养青少年的团队协作和沟通能力,提高他们的综合素质和社会责任感。

"全国青少年航天创新大赛"设立了多个奖项,包括一等奖、二等奖、三等奖,分别颁发给在比赛中取得优异成绩的队伍,以表彰他们的创新才华和科技成果;特等奖,颁发给在比赛中取得特别优异成绩的队伍,以表彰他们在航天科技领域的杰出贡献和创新成果;最佳组织奖,颁发给在组织和策划比赛中表现优秀的单位或个人,以表彰他们的组织能力和创新思维;最佳创新奖,颁发给在比赛中展示出最具创新性和前瞻性的项目或成果,以鼓励青少年创新创造。

此外,获奖队伍还将获得丰厚的奖金和荣誉证书,被邀请参加颁奖典礼和相关的科技活动,与航天科技专家和学者进行深入交流和合作。

"全国青少年航天创新大赛"是一个具有重要意义的科技创新平台,为广大青少年提供了一个展示创新才华和科技成果的舞台,同时也对中国青少年科技创新事业的发展起到了积极的推动作用。我们希望这个比赛能够越办越好,吸引更多的青少年参与,并且为中国航天科技的发展和进步作出更大的贡献。

（二）"全国青少年航天创新大赛"参赛指南

全国青少年航天创新大赛是由中国航天科技集团公司、中国航天学会、中国少年先锋队、中央电视台、新华社等单位联合举办,旨在推动航天科技普及和青少年创新能力的提升。以下是参赛指南。

报名

报名时间为每年的9月1日至10月31日,参赛者需在规定时间内登录大赛官网进行线上报名。报名时需填写个人信息、作品简介、指导老师信息等,并上传作品视频或图片,作品需符合大赛主题和要求。

选拔

在报名截止后,大赛组委会将对报名作品进行初步筛选,从中选出优秀作品进入复赛。复赛将在各省市级别进行,选拔出省市级别优秀作品进入决赛。

训练

为了提升参赛队伍的竞争力,大赛组委会将为进入决赛的参赛队伍提供专业的训练和指导。训练内容包括航天知识、技能培训、团队合作、演讲技巧等。训练时间为每年11月至次年5月。

分组

参赛队伍将根据作品类型和难度分为不同组别,分别进行比赛。组别包括小学组、初中组、高中组和大学组。每个组别将设置不同的比赛要求和评分标准。

比赛

比赛时间为每年的6月至7月,比赛地点在北京航天城举行。比赛将分为初赛、复赛和决赛三个阶段,参赛队伍将进行现场展示和答辩。决赛将设立大赛最高奖项和各组别奖项。

颁奖

大赛颁奖典礼将在比赛结束后举行,颁发大赛最高奖项和各组别奖项。此外,还将颁发最佳表现奖、最佳创意奖、最佳工程奖等特别奖项。

注意事项

1.参赛队伍必须遵守比赛规则和安排,不得作弊或违反竞赛纪律。

2.参赛队伍需保证作品原创性,不得抄袭或剽窃他人作品。

3.参赛队伍需自备必要的设备和材料,如电脑、投影仪、实验器材等。

4.参赛队伍需遵守比赛安排,如未能按时到场或演示失败等情况,将被扣除分数或取消参赛资格。

（三）武汉市第四十九中学问天馆

习近平总书记指出:科技创新、科学普及是实现创新发展的两翼,要把科学普及放在与科技创新同等重要的位置。没有全民科学素质普遍提高,就难以建立起宏大的高素质创新大军,难以实现科技成果快速转化。这一重要指示精神是新发展阶段科普和科学素质建设高质量发展的根本遵循。

武汉市第四十九中学是"全国航天特色学校"。中国工程院院士、战略导弹与运载火箭专家龙乐豪率领相关专家团队到学校指导航天科技创新教育工作。学校问天馆航天航空火箭科普教学系统是针对高中学生开发的一套集"科普、体验、教学"三大功能于一体的航天航空特色主题校本课程教学平台。也是学校航天创新大赛培训基地。

该系统主要由航天航空科普长廊、火箭科普教学系统两大部分组成,将高中数学、物理、化学、生物、地理、历史、通用技术、信息技术等学科知识点渗透到科普教学过程中,旨在激发学习兴趣、拓展科技视野、培养科学精神。

图7-1　武汉市第四十九中学问天馆

图7-2　问天馆内开展航天知识学习

二、"北斗杯"全国青少年空天科技体验与创新大赛

(一)大赛简介

"北斗杯"全国青少年科技创新大赛(BD-CASTIC)(2023年更名为"北斗杯"全国青少年空天科技体验与创新大赛)是青少年在中国卫星导航领域高层次、高水平、大规模的科技盛会,由教育部科学技术司、共青团中央学校部、中国科协青少年科技中心、中国卫星导航系统管理办公室于2010年联合启动。大赛由中国卫星导航年会组委会、中国卫星导航系

统管理办公室学术交流中心、中国科学院光电研究院、中国卫星导航定位协会联合主办。

　　大赛旨在大力宣传北斗卫星导航系统的科普知识,开拓培养与交流的渠道,搭建全国青少年科技文化交流的平台,提高青少年的科技创新能力、实践能力,打造我国青少年科技活动知名品牌,为北斗卫星导航系统工程建设与应用创新增添活力。大赛也是中国卫星导航学术年会(CSNC)科普活动重要内容之一。"北斗杯"大赛自2010年启动以来已成功举办十届。

让青少年成为科技
强国的主力军

孙家栋
2020. 8. 14

图7-3　中国科学院院士孙家栋题词

　　大赛分为大学组与中学组,参赛对象为全国在校大中学生(本科生、专科生、高中生、初中生);参赛主题可在北斗卫星导航科技与应用领域自由选择,突出北斗导航应用创新,将北斗卫星导航系统在各行各业中的应用作为突出重点;作品形式可以是应用产品制作、创新应用方案、科技论文等形式,鼓励实物创新产品研发制作。

图7-4　严格规范评审

　　大赛每年举办一届,奖项评选遵从规范严格程序,重点突出作品的科学性和创新性,赛事分为分赛区初赛、全国总决赛初评和最终审定三个阶段,评审委员会由资深专家组成,秉承公平、公正、公开的原则,最终评选出一等奖、二等奖、三等奖、优秀奖、十佳优秀科技教师奖和优秀组织奖等奖项。大赛颁奖典礼邀请导航或相关领域的专家、学者、大赛主办单位和承办单位的领导及获奖作者、优秀组织单位代表欢聚一堂。

图7-5　大赛颁奖典礼及获奖学生合影

大赛每年7月为优秀获奖学生举办不同形式的夏令营,如参观中国航天城、卫星总站、科技馆、中国航空博物馆,科学实验及无人机实操等,并与相关专家交流、合影留念。

图7-6　第十四届"北斗杯"全国青少年空天科技体验与创新大赛全国总决赛

大赛每年在全国各大、中学校组织专家、院士进校园活动,为同学们奉献精彩的科普报告,并提供与专家面对面交流的机会。大赛也将举办一系列北斗游学等科技实践活动,激发同学们的创新热情。

图7-7　武汉市第四十九中学学子与航天院士专家面对面

图7-8 中国战略导弹之父龙乐豪与武汉市第四十九中学科技社团学生交流

大赛对优秀获奖学生进行持续培养,如专家、院士在高考自主招生中为优秀获奖学生写推荐信,优秀本科学生进入高校(尤其是教育部卫星导航联合研究中心的21所成员高校)实验室实践、享有北斗科普教育基地提供的服务、进入相关优秀企业进行实习、到国外名校进行深造等。

(二)参赛指南①

【作品分类】

1.北斗科技创新类比赛两大类

北斗科技创意类比赛(科技论文、创新应用方案、调查报告);实物类创新产品研发制作。

以上两类参赛作品按专题分赛道提交,本届大赛设四个专题赛道:

"北斗行业应用"赛道;"北斗＋智能生态"赛道;"北斗＋遥感"赛道;"北斗＋移动通信"赛道。

2.时空智能类专项比赛

设四个专题项目:无人机比赛项目;北斗教学课件及教具创新比赛项目;北斗时空智能主机创新应用比赛项目;北斗模块化机器人比赛项目。

【大赛主题】

弘扬北斗精神

【申报对象】

全球在校研究生、本科生、高职院校学生、教师及其他个人北斗科技爱好者均可申报参加。按照组别在网上申报:

研究生组:国内外在校研究生。

---

① 本部分为第十二届"北斗杯"全国青少年科技创新大赛的参赛指南。

大学组：国内外在校本科生。

高职组：国内外在校高职院校学生。

教师组：国内外在岗教师。

少年个人爱好者组：年龄在17周岁及以下的北斗科技爱好者。

青年个人爱好者组：年龄在18～34周岁之间的北斗科技爱好者。

【参赛须知】

1.参赛原则

不涉密：作品内容切勿涉及保密内容。

保证原创性：作品须为原创，且拥有合法版权，不得抄袭和剽窃他人成果。

创新性：在前人研究基础上有所突破，有创新成果。

科学性：主题明确，研究主题、方法科学合理。

有应用价值：研究主题（成果）有一定的社会应用前景，能够产生学术价值或经济效益。

2.参赛要求

（1）每个参赛者（包括集体作品的学生、教师）在一届大赛中，只能申报一个作品或一个单项比赛项目参加比赛。

（2）申报作品必须是从当年3月1日往前推不超过两年时间内完成的。

（3）集体作品要求。

集体作品的申报者不得超过4人，并且必须是同一省或市（直辖市）、同一组别（研究生组、大学组、高职组、教师组、少年个人爱好者组、青年个人爱好者组）的学生或教师。

集体作品不能在参赛中途加入新成员。提交的研究成果应为所有成员共同完成。

每个集体作品应确定一名第一作者，其他为署名作者。在作品申报时，所有成员的信息资料均应在申报表中填写。

（4）每个作品最多只能申报两名指导教师。

3.不接受的申报

（1）作品内容和研究过程违反国家法律、法规和社会公德或者妨害公共利益。

（2）不符合申报作品的要求（参赛须知要求）的作品。

4.申报材料要求

报名表：参赛的所有作品都须完整填写"北斗杯"全国青少年科技创新大赛报名表。

查重报告：每名申报者须在申报参赛前对作品选题和内容分别进行查重检索，查重率应低于25％，提交作品时一并提交查重报告（知网、万方、PaperPass）。

正文及附件要求（不含无人机比赛项目、北斗模块化机器人比赛项目）：

（1）北斗科技创意类，参赛者需提交正文字数应不少于2000字、不超过10000字，在大赛官网上只提交论文(Word格式)和一个txt文件,txt文件中包含其他附件、程序、视频的百度云链接,视频资料时长不超过2分钟。

(2)实物类创新产品研发制作,参赛者需要将实物类作品拍摄成一个2分钟的视频,讲解作品的设计理念、功能应用和创新特点等。视频为WMV,MP4,AVI等通用格式,视频大小原则上不超过20M(如超过20M,则将视频上传到百度网盘,将链接提交到作品附件)。

(3)实物作品必须提供与其相对应说明文档(Word格式),字数原则上不少于2000字、不超过6000字;为Word格式,规格统一为A4纸,提供的图片为jpg、jpeg、png格式,或提交说明文档及图片的压缩包,提交格式为rar、zip。注意:实物类作品说明文档也要提交查重报告(知网、万方、PaperPass)。

格式要求必须参照"北斗杯"全国青少年科技创新大赛参赛作品格式规范书写(见附件3)。电子版作品格式(包含论文和视频)中不得出现作者及学校相关信息,一经发现取消参赛资格。

电子版文件名称为作品编号(作品编号为系统自动生成)。

如参赛作者的作品大小超过50M,请将作品上传到百度网盘,并将网盘链接写到作品附件中。

【表彰和奖励】

1.作品奖项设置

参赛作品按组别分类设奖:北斗科技创意类比赛、实物类创新产品研发制作。

单项设奖项目为:无人机比赛项目、北斗教学课件及教具创新比赛项目、模块化机器人比赛项目、北斗时空智能主机创新应用比赛项目。

省(直辖市)级设立奖项的数量与审核后符合申报材料要求的参赛作品总数比例限定在一等奖15%(作品分数不低于86分),二等奖15%(作品分数不低于83分),三等奖20%(作品分数不低于80分)以内,各组别、类别排名前10%的作品推荐参加全国总决赛。

全国总决赛各奖项比例为一等奖15%、二等奖35%、三等奖50%。

2.表彰

为所有全国总决赛获奖者颁发电子证书和奖牌,为全国优秀组织奖单位颁发奖杯。

3.优秀科技教师奖和优秀组织奖

针对指导老师和参赛学校,设立全国优秀科技教师奖和优秀组织奖名额,分别为10~15个。分赛区可以设立优秀科技教师奖和优秀组织奖名额分别为2~5个。

4.评审程序

①资格审查:大赛组委会根据规则对所有申报作品材料进行资格审查。审查过程中如发现作品申报材料存在问题或缺失,申报者可在组委会规定的修改时间内对作品材料进行修改和补充,符合规则的作品可获得参加初评的资格。

②初评:大赛组委会将组织来自各赛区推荐的卫星导航、航空航天领域学术水平较高的学者、大学教师、企业精英组成初赛评审委员会。评审专家对通过资格审查的作品随机进行网络评审后,再由分赛区初赛评审委员会推荐部分作品(在一周内)进行现场或视频答辩后取平均分。按照评奖指标推荐参加国赛评审一、二、三等奖。

③终评:大赛组委会选聘国内外高等院校、科研院所、重点企业的卫星导航、航空航天领域权威的专家组成终评评审委员会,入围终评的项目择优进行答辩,终评答辩须申报者本人参加现场(或视频)终评评审活动,如未参加终评的项目将视为自动放弃参赛资格。终评答辩通过现场评审和作品问辩,评选产生大赛各奖项。

④申报和评审阶段,若出现对参赛作品存在抄袭、研究工作作弊等问题的投诉,经调查属实,将取消作者参赛及获奖资格。作品评审答辩实际水平不符合获奖标准,经评审委员会表决,可不授予比赛奖项。

【成果展示、颁奖典礼活动】

参赛学生有义务参加大赛成果展示期间组织的公开展示、公众讲解和学生交流等活动。

展示的实物作品由作者负责带到参展现场展示并负责保管和维护。

获奖选手有义务参加卫星导航年会的北斗小新星在行动活动。

获奖选手和优秀科技教师、优秀组织奖单位有义务参加科技教育座谈会及颁奖典礼活动。

三、全国青少年无人机大赛

(一)大赛简介

1.赛事性质

全国青少年无人机大赛是一项面向全国青少年的科技创新大赛,由中国航空学会、中国航空学会无人机专业委员会、中国航空学会教育与培训委员会、中国航空学会青少年科普教育委员会、中国无人机产业技术创新战略联盟、中国航空工业集团公司、中国电子科技集团公司、中国航天科技集团公司等单位共同主办,旨在推广无人机科技,培养青少年创新精神和科技素养,提高他们的科技实践能力,为推动我国无人机产业的发展作出贡献。

2.宗旨

全国青少年无人机大赛的宗旨是:

推广无人机科技,提高青少年对无人机技术的了解和认识,激发他们的创新潜能和科技兴趣;

培养青少年的团队协作和沟通能力,提高他们的综合素质和社会责任感;

促进青少年科技创新事业的发展,为我国无人机产业的发展输送人才。

3. 比赛项目

全国青少年无人机大赛设立了多个比赛项目。

飞行器组:参赛飞行器需要能够自主起降、悬停、定点飞行等基本动作,同时还需要完成特定的任务,如图像采集、物品投送等。

智能车组:参赛智能车需要能够自主导航、避障、定位等基本动作,同时还需要完成特定的任务,如物品搬运、路径规划等。

编队组:参赛编队需要由多架无人机组成,能够实现自主编队、协同作战等功能,同时还需要完成特定的任务,如空中巡逻、目标跟踪等。

4. 奖项设置

全国青少年无人机大赛设立了多个奖项。

一等奖、二等奖、三等奖:分别颁发给在比赛中取得优异成绩的队伍,以表彰他们的创新才华和科技成果。

特等奖:颁发给在比赛中取得特别优异成绩的队伍,以表彰他们在无人机领域的杰出贡献和创新成果。

最佳组织奖:颁发给在组织和策划比赛中表现优秀的单位或个人,以表彰他们的组织能力和创新思维。

最佳创新奖:颁发给在比赛中展示出最具创新性和前瞻性的项目或成果,以鼓励青少年创新创造。

此外,获奖队伍还将获得丰厚的奖金和荣誉证书,被邀请参加颁奖典礼和相关的科技活动,与无人机科技专家和学者进行深入交流和合作。

5. 结语

全国青少年无人机大赛是一个具有重要意义的科技创新平台,为广大青少年提供了一个展示创新的机会。

（二）参赛指南

1. 组织机构

批准单位:中华人民共和国教育部。

主办单位:中国航空学会。

2. 比赛器材

全国青少年无人机大赛(以下简称:大赛)组委会不指定比赛器材,凡符合比赛项目规格要求的器材均有机会参加比赛。为确保比赛现场参赛选手的人身安全,组委会将组织专家对参赛飞行器进行评审,获得专家一致认可的器材方有资格参赛。

3. 大赛项目分类和组别

(1) 项目分类：旋翼类、固定翼类和创意类。

(2) 组别：小学、初中、高中组（含中专与职高）三个组别。

(3) 参赛选手须为在校学生，只可参加一个组别的比赛，可兼一项报名。

4. 比赛项目和规则

(1) 旋翼类。

包含个人飞行赛、物流搬运赛、团体接力飞行赛、空中格斗赛、空中足球赛、个人空中射击赛、蜂群舞蹈编程赛、编程挑战赛、创意图形编程赛、"蜂鸟行动"赛、机甲大师空地协同对抗赛、机甲大师越障迷宫赛、越障打击赛。

(2) 固定翼类。

包含空中侦察赛（第一视角）、个人侦察赛、团体察打赛、模拟飞行紧急迫降挑战赛。

(3) 创意类。

动力飞行器创意赛。

5. 时间地点

时间：每年的暑期。

地点：各大城市高等院校。

6. 组织管理

(1) 大赛组委会设大赛管理办公室，负责地区选拔赛和全国总决赛的赛事管理；地区选拔赛组委会负责推荐优胜选手参加全国总决赛。

(2) 地区选拔赛组委会依据《全国青少年无人机大赛地区赛管理办法》进行统一管理。

(3) 大赛是多赛项同时展开，当有兼项参赛选手所报名的赛项与赛事组织比赛时间发生冲突时，参赛选手只能选择一个赛项参加比赛。

(4) 赛前30分钟比赛场地净场净空，比赛检录后只允许参赛选手、裁判员、相关工作人员进入比赛场地，检录三次点名不到者，视为该轮比赛弃权。

(5) 大赛设裁判委员会和仲裁委员会，人员由大赛组委会选派。

(6) 如对比赛成绩有异议，在成绩公布后第一时间向裁判长提出，在裁判长答复后如仍有异议，须在成绩公布一小时内，由领队以书面形式向仲裁委员会提出申诉，过时不再受理。仲裁委员会的裁定为最终比赛成绩。

(7) 对于违规申诉，如捏造事实、违反申诉条件、未循申诉规定自行滥加批评或攻击等扰乱比赛秩序的行为，大赛组委会将视情节严重程度给予相关单位、参赛队或相关个人口头警告、书面警告、通报批评、发送公函至所属单位、禁赛等处罚措施。对于情节特别严重，涉嫌触犯国家有关法律法规的，大赛组委会保留起诉追究的权利。

(8) 各参赛队领队负责本队的参赛组织工作，按要求参加领队会议，服从组委会和裁判委员会的安排；同时负责本队的参赛纪律、精神文明、环境卫生等教育工作。

（9）飞行器由参赛选手自行准备，不得对飞行器进行改装；不得使用不符合器材要求的器材参赛，凡是危及安全、妨碍比赛的装置，裁判长有权禁止使用。

7. 参赛及报名

（1）大赛为公益性赛事，不向学生及老师收取任何参赛费用，参赛师生的差旅及食宿费用等自理。

（2）省级航空学会、会员工作站或相关合作单位成立省级大赛组委会，负责所辖区域的省级选拔赛，地市级向各省级大赛组委会申请承办地市级选拔赛，大赛全国赛原则上只接受省级组委会推荐选手报名参赛，没有省、市赛的地区，可直接向全国大赛组委会报名，全国航空特色学校优先。

（3）本届大赛开启线上报名管理系统，需由参赛队领队负责完成报名。

（4）参赛队报到时须已完成线上报名流程，有关新冠疫情防控措施将根据国家和地区的相关规定，赛前以赛事通知的方式发布要求。

（5）所有创意作品报名参赛，即视为参赛选手同意大赛组委会拥有对其创意作品的使用权，同意大赛组委会以任何形式对创意策划案进行展示和传播。

8. 奖励

（1）参赛选手奖：每个比赛项目和组分别设置一、二、三等奖及优秀奖，按实际参赛人数占比，各奖项获奖比例分别为15％、25％、35％、25％。大赛将颁发奖杯、奖章和证书，旨在鼓励青少年参加航空科普活动的积极性。

（2）教师辅导奖：获奖选手的辅导老师，有资格被评为"优秀辅导员奖"。

（3）优秀组织奖：组织工作成效显著、组织参赛项目多且水平突出、现场组织管理规范的参赛单位，将被授予优秀组织奖，获牌匾和证书。

（三）武汉市第四十九中学无人机团队

图7-9　TT无人机设备

图7-10　无人机训练场地

图7-11　无人机团队参加第五届全国无人机大赛

图7-12　无人机集训

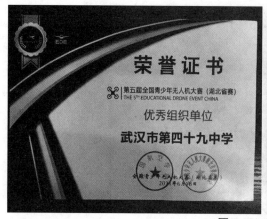

图7-13　获奖证书

第二节　机器人与人工智能类赛事

一、世界机器人大会青少年机器人设计与信息素养大赛

（一）大赛简介

世界机器人大赛（World Robot Contest）是世界机器人大会（World Robot Conference）的重要组成部分，由选拔赛（WRCT）、总决赛（WRCF）、锦标赛（WRCC）组成，并围绕科研类、技能类、科普类设置相关竞赛项目。大赛自2015年起已成功举办了8届，共吸引了全球20余个国家20余万名选手参赛，被广泛赞誉为机器人界的"奥林匹克"，得到了国家自然科学基金委员会的连续指导，已连续入围了教育部办公厅公布的面向中小学生的全国性竞赛活动名单，并实现了多个竞赛项目的大赛成绩国际互认。

通过多年的积淀成长，世界机器人大赛已发展成为国内外影响广泛的机器人领域官方专业赛事，历届大赛得到了党中央、国务院领导的亲切关怀与指导，时任国务院副总理刘延东、马凯先后莅临观摩指导大赛。大赛顾问委员会、专家委员会由近100名领导、院士、专家、企业家组成。大赛旨在不断发挥自身平台优势，激发机器人行业的科技研发潜力，成为推动全球创新型、应用型、技能型人才培养的重要力量。

（二）参赛指南

1.大赛内容

（1）共融机器人挑战赛。

① 创新创意赛。

② 任务挑战赛。

③ 创新成果展示。

（2）BCI脑控机器人大赛。

① 技能赛。

② 技术赛。

③ 青年论文答辩。

④ 创新成果展示。

（3）机器人应用大赛。

① 技能组。

② 工业设计组。

③ 企业命题组。

（4）青少年机器人设计大赛（世界机器人大会青少年机器人设计与信息素养大赛——机器人设计类）。

① A类赛项。

② B类赛项。

③ 线上赛项。

以上各分项赛事通知、竞赛内容、竞赛规程等信息将在大赛官方平台实时公布，请留意并关注世界机器人大赛官方网站。

2. 大赛体系

（1）选拔赛。

① 城市选拔赛。

② 省级选拔赛。

（2）锦标赛。

（3）总决赛。

以上各级竞赛时间、竞赛地点等信息将结合竞赛举办地城市相关办赛要求在大赛官方平台实时公布，请留意并关注世界机器人大赛官方网站。

3. 大赛报名

（1）参赛资格。

2023世界机器人大赛参赛群体将全面覆盖学校、科研机构、企业、单位以及社会大众，涵盖全年龄层次。各相关单位、个人可自行组建参赛团队报名参赛。

（2）报名方式。

2023世界机器人大赛报名请登录"世界机器人大赛官方网站"或"世界机器人大赛官方微信公众号"，详细浏览各分项赛事板块内容，查询具体报名须知。

（三）武汉市第四十九中学机器人团队活动剪影

图7-14　学生加工材料

钢墩墩各部分的连接采用多功能、多形状的结构套件完成,具有重量轻、韧性足等特点。

机器人整体按照人型比例搭建,高180厘米、宽50厘米,手臂部分与躯干独立,方便完成动作。

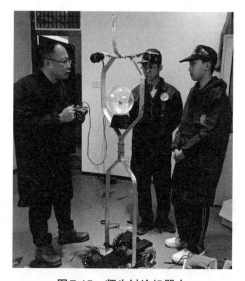

图7-15　师生讨论机器人

二、全国中小学信息技术创新与实践大赛

（一）大赛简介

"全国中小学信息技术创新与实践大赛"是一项运用信息技术,培养广大师生的创新精神和实践能力,面向青少年学生开展人工智能科学普及、引领科技创新的素质教育实践平台,简称NOC大赛(NOC为Novelty, Originality, Creativity的缩写)。

NOC大赛自2002年在北京人民大会堂启动以来,每年举办一届,20年来,始终坚决贯彻党的教育方针,遵循教育教学规律和青少年成长规律,注重全面提升学生信息素养,体现发展素质教育要求,受到广大师生的欢迎和积极参与。

图7-16　2002年NOC大赛在人民大会堂启动

普及性和提高性并存是NOC大赛的特色。大赛倡导"重在参与"精神,对于参与的师生不设置高门槛。通过大赛的开展,发现和培养了一批具有科技创新意识和实践能力的优秀人才,也涌现出一大批富有个性创意和自主创新的高水平作品。

为推动自主创新在中小学的开展,根据《国家科学技术奖励条例》,2007年,国家科学技术奖励工作办公室设立了"恩欧希教育信息化发明创新奖"("恩欧希"根据NOC的中文发音而来),奖励通过NOC选拔的青少年学生完成的具有创新意义和一定科技含量的符合全国规范的科技作品,以及相关的科技与教育工作者。

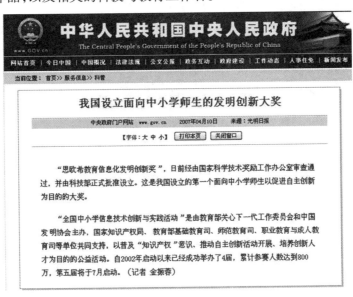

图7-17　2007年"恩欧希教育信息化发明创新奖"设立

2012年7月,NOC十周年庆典在北京隆重举行,第十届全国人大常委会副委员长、中国关心下一代工作委员会主任顾秀莲,中国发明协会理事长、科技部原部长朱丽兰,教育部副部长杜占元等领导出席庆典,对NOC给予充分肯定,并对下一步开展提出明确要求。

图7-18　顾秀莲、朱丽兰出席NOC十周年庆典

2017年7月,NOC十五周年庆典在青岛举行,教育部副部长杜占元参观了NOC展区,对大赛近年来的发展给予肯定。

图7-19　杜占元参观NOC十五周年主题展

目前,全国各地区均组织选手参加NOC大赛。同时,NOC大赛也推动了海峡两岸及港澳的信息技术教育交流,并引起了海外华人的重视。李光耀先生在新加坡组委会成立时特别发来贺词:"教育有利器,创新无边际。"

祝中国第五届全国中小学
信息技术创新与实践活动圆满成功

教育有利器
创新无边际

新加坡内阁资政李光耀敬贺
二零零七年举岁春题

图7-20 新加坡原总理、内阁资政李光耀为NOC大赛致贺

（二）参赛指南

1. 大赛原则

遵循《教育部办公厅等四部门关于印发〈面向中小学生的全国性竞赛活动管理办法〉的通知》(教监管厅函〔2022〕4号)、《教育部办公厅关于进一步加强面向中小学生的全国性竞赛活动管理工作的通知》(教基厅函〔2020〕21号)要求，NOC大赛突出素质教育导向，坚持公益性和自愿参与、平等开放原则，坚决做到"零收费"；NOC大赛严格竞赛评审，大赛及大赛产生的结果不作为基础教育阶段招生入学依据。

2. 参赛对象

小学、初中、高中、中专、职高在校学生。

3. 组织方式

NOC大赛在各地的开展，由各地方组织单位进行组织协调，具体包括：组织参赛选手官网统一报名(www.noc.net.cn)，参赛选手资格审查，组织当地赛项规则解读活动，组织选拔赛，组织入围选手参加全国决赛等。

2022—2023学年NOC大赛赛项内容及具体规则详见NOC大赛网站。

4. 赛程安排

2022—2023学年NOC大赛由选拔赛和全国决赛组成。选拔赛于大赛通知发布后，由全国组委会及各地方组织单位根据实际情况，于全国决赛报名前进行。

时间安排为：

(1)2022年11月，发布大赛通知。

(2)2023年3—5月，报名及参加选拔赛。

(3)2023年6月，公示全国决赛晋级名单。

(4)2023年7月中下旬，全国决赛(具体时间、地点另行通知)。

5.奖励办法

（1）由国家科学技术奖励工作办公室设立的"恩欧希教育信息化发明创新奖"，是NOC大赛的最高荣誉。

（2）全国决赛阶段的奖项设置分为一等奖、二等奖、三等奖及优秀指导教师奖。全国决赛获奖证书由主办单位颁发。

①优秀指导教师奖授予所指导学生在全国决赛获得一等奖的指导教师。

②全国决赛各等级奖项数量根据获奖比例确定。

③全国决赛成绩不公布原始分数。

④参赛选手不予评奖情况以各赛项规则为准。

（3）本届大赛设组织工作先进单位奖和组织工作先进个人奖，授予为大赛组织工作作出积极贡献的各地方组织单位和个人。

三、全国青少年人工智能创新挑战赛

（一）大赛简介

全国青少年人工智能创新挑战赛是由中国人工智能学会主办的一项面向全国中小学生的科技竞赛活动。该比赛的宗旨在于引导青少年参与人工智能的学习和创新，提高他们的科学素养和创新能力，推动人工智能技术的发展。以下是挑战赛赛事性质、宗旨、参赛条件、比赛形式、比赛内容等内容。

1.赛事性质

全国青少年人工智能创新挑战赛是一项以人工智能技术为主题的科技竞赛活动。该比赛旨在鼓励中小学生对人工智能技术的理解和应用，促进人工智能技术在教育和社会中的推广和应用。

2.宗旨

全国青少年人工智能创新挑战赛的宗旨是：引导青少年参与人工智能的学习和创新，提高他们的科学素养和创新能力；推动人工智能技术的发展，促进人工智能技术在教育和社会中的推广和应用。

3.参赛条件

全国青少年人工智能创新挑战赛的参赛对象为全国中小学生，包括小学、初中、高中和中职学校的学生。参赛者需具备一定的计算机和编程基础，并且对人工智能技术有一定的了解和兴趣。

4.比赛形式

全国青少年人工智能创新挑战赛采取线上评审和线下决赛的形式。参赛者需要在规

定的时间内提交作品,由评审委员会进行评审和筛选,选出优秀的作品进入决赛。

5. 比赛内容

全国青少年人工智能创新挑战赛的比赛内容包括但不限于以下几个方面。

人工智能基础知识:包括人工智能的概念、分类、应用等基础知识。

机器学习:包括监督学习、非监督学习、半监督学习、强化学习等机器学习算法的原理和应用。

深度学习:包括神经网络、卷积神经网络、循环神经网络等深度学习算法的原理和应用。

自然语言处理:包括文本分类、文本生成、情感分析、机器翻译等自然语言处理技术的应用。

计算机视觉:包括图像分类、目标检测、图像分割、人脸识别等计算机视觉技术的应用。

6. 总结

全国青少年人工智能创新挑战赛是一项非常有意义的科技竞赛活动,旨在引导青少年参与人工智能的学习和创新,提高他们的科学素养和创新能力,推动人工智能技术的发展。参赛者需要具备一定的计算机和编程基础,并且对人工智能技术有一定的了解和兴趣。比赛形式采取线上评审和线下决赛的形式,比赛内容包括人工智能的基础知识、机器学习、深度学习、自然语言处理和计算机视觉等方面的内容。参赛者需要在规定的时间内提交作品,由评审委员会进行评审和筛选,选出优秀的作品进入决赛。

（二）参赛指南

第六届全国青少年人工智能创新挑战赛是为深入学习党的二十大精神,认真学习贯彻习近平总书记关于科技创新的重要论述、习近平总书记关于少年儿童和少先队工作的重要论述,贯彻落实共青团十八届七中全会精神和团中央书记处决策部署,着眼把科技自立自强作为国家发展的战略支撑,着眼深入实施科教兴国战略、人才强国战略、创新驱动发展战略,着眼党领导的科技事业薪火相传、后继有人,激发广大青少年创新创造热情,引导中小学生培育科学精神、学习科学知识、锻炼科学技能,经教育部批准,中国少年儿童发展服务中心面向全国青少年组织开展的以人工智能科技创新为主题的竞赛活动。

自2017年首届活动举办以来,“人工智能创新挑战赛”始终坚持“服务青少年健康成长和公平、公正、公开”的原则,向青少年普及人工智能科技知识,引导青少年参与科技创新活动,增强科学意识和创新精神,在发现和培养一批优秀青少年人工智能科技创新人才等方面发挥了积极作用,在广大中小学校乃至社会上产生了广泛而良好的影响。

大赛始终坚持以立德树人为根本目的,旨在挖掘学生特长爱好、激发学生学习兴趣;始终坚持公益性,不以营利为目的,坚决做到“零收费”;大赛各项工作由主办单位直接负责实施,不进行委托、授权;大赛建立专家选聘、命题阅卷、结果公开、异议申诉等各项办赛机制,坚决杜绝弄虚作假、学术不端、有失公允的情况发生。

第六届比赛举办时间为2023年3—8月,参赛形式为线上线下相结合形式。比赛赛程分选拔赛(线上或线下)、全国决赛两级赛程。大赛设小学低年级组、小学高年级组、初中组、高中组和中专职高组五个组别,按参赛人数分个人赛(1人)和团队赛(2~5人),每个参赛个人或团队只能报名参加一个赛项的竞赛,评审专家将根据参赛人员的年级组别、参赛赛项等因素分别进行评审。参赛流程为:在线报名(登记参赛学生信息)—参加线上选拔或线下选拔赛—主办单位审核确定入围名单—参加全国挑战赛—参加挑战赛成果展示交流活动。

根据国务院2017年发布的《新一代人工智能发展规划》中关于人工智能科技的技术划分,第六届大赛设计以下四个参赛方向。

智能机器人应用方向:智能机器人创新设计类挑战赛将根据主题设计模拟场地,要求参赛青少年通过设计操控全/半自动运行的智能机器人完成规则限定的任务,并在模拟场地上进行竞技。该方向下设太空探索智能机器人专项赛、资源收集机器人专项赛、机器人工程设计专项赛、水下智能机器人专项赛、无人驾驶智能车专项赛等赛项。

智能程序及算法设计方向:要求参赛青少年围绕特定主题,运用规则限定的图形化编程、Python、C++等编程语言,设计开发编程作品,并通过向评委进行作品展示和问辩的形式进行竞赛。该方向下设编程创作与信息学专项赛、三维程序创意设计专项赛、虚拟仿真平台创新设计专项赛等。

智能芯片及开源硬件方向:要求参赛青少年将在给定的时间内,按照现场评委公布的设计主题,使用现场提供的材料、器材创作实物模型(鼓励学生在智能制造机器人、智能家居、智能穿戴、智能医疗、智能环保等方向设计创意作品),并通过专家问辩的形式竞赛。该方向下设开源硬件创意智造专项赛、太空电梯工程设计专项赛、智慧农场应用专项赛、智能电磁炮射击专项赛、智能芯片与计算思维专项赛等。

人工智能技术综合创新方向:要求参赛青少年基于人工智能有关知识和规则,综合运用大数据、机器视觉、自动规划、智能搜索、程序设计、智能控制、语言和图像理解等有关知识,自定主题和内容,设计开发模型作品,撰写人工智能研究论文,创作科幻、动漫、视频、游戏等作品,并通过专家问辩的形式竞赛。

第三节　其他科创科普类赛事

一、"天宫画展"作品征集

(一)第二届"天宫画展"作品征集简介

"天宫画展"征集活动是由中国载人航天工程新闻宣传办公室指导,中国航天基金会主办,中国航天科工集团第二研究院二〇八所承办,采取线上线下结合的方式进行。活动官方网站是www.cmse.gov.cn,官方微信公众号是"中国载人航天"。

截至2023年3月,"天宫画展"共举办了两届。在你的脑海里,火箭、飞船、空间站都是什么样子? 生活在神奇的太空里又会发生怎样的故事? 第二届"天宫画展"作品征集部分内容如下:

1.活动介绍

2022年1月1日,首届"天宫画展"在中国空间站正式开展,展览围绕"青春与星空对话"主题,共有20余幅中西部地区青少年创作的太空主题绘画作品亮相中国"天宫",由神舟十三号航天员乘组进行了现场展示和介绍,取得热烈反响,极大激励了广大青少年热爱航天、逐梦天宫的热情动力。今年,将继续举办第二届"天宫画展",面向全社会青少年进行征集,择机在中国空间站进行展出。

2.活动主题

画美丽中国、话美好生活。

3.参与对象

(1)18周岁以下的青少年,个人独立创作。

(2)根据年龄分成5组:5~6岁、7~9岁、10~12岁、13~15岁、16~18岁。

4.征集要求

(1)作品内容。主题鲜明、导向正确、内容生动、创意新颖,重点反映以下内容:①党的十八大以来取得的历史性成就和历史性跨越;②近年来中华大地发生的巨大变化和人民群众的幸福生活;③近年来举国上下齐心建设重大国家工程、团结战胜重大风险挑战的动人故事;④家乡的秀美风光和丰富的自然文化遗产;⑤对祖国航天事业未来发展的期盼和对建设"太空家园"的畅想。

(2)作品种类。绘画作品创作种类技法不限,仅限平面作品,如国画、油画、水彩画、水粉画、版画、漫画等。

(3)尺寸要求。8开(271mm×390mm),请按规定尺寸进行创作。

(4)版式要求。横版。

(5)用纸材质。国画选用宣纸(无需装裱),其他画作纸张建议选用细颗粒水彩纸。

(6)版权要求。投稿作品为独立原创作品,拥有该作品的完整版权,且该作品没有参加过其他赛事活动。

5.奖励办法

(1)奖项设置。

①本次征集活动将按年龄组设立等次奖,分别为一等奖10名,二等奖20名,三等奖30名,优秀奖若干名(20%)。

②获得一、二、三等奖的辅导教师将获得优秀指导教师奖。

③所有获奖者将获得组委会颁发的获奖证书。

（2）奖励措施。

①部分获奖作品有机会在中国空间站进行展示，所有获奖作品及部分入围作品可入选《第二届天宫画展精品集》并进行地面实物展出。

②获奖作品有机会入围天宫画展航天文创作品创作素材库。

③部分获奖作者将视情况受邀参加线下主题参观交流活动。

④一等奖获得者与指导教师将获得由活动组委会提供的天宫画展航天文创礼品一份。

6.知识产权归属

（1）中国航天基金会对所有参与作品拥有使用权，包括公益活动及各类宣传活动中的复制、记录、出版发售、展览、宣传、推广、演绎、改编及广播等用途的权利；产品开发权（例如将获奖作品进行文创产品开发，用于制作活动礼品或纪念品）；网络传播权及刊登权，所有初评入围作品的信息传播及刊登。

（2）活动协办单位有权自行选登参选作品，如涉及稿费及酬劳，所获得酬劳将用于活动专项经费使用。

（3）作品的作者享有署名权，作者一经参与即视同自愿认可上述各项约定。

7.作品征集要求

（1）征集时间：2022年8月上旬至9月1日。

（2）作品信息请在作品右下角注明作品名称、作者姓名、年龄、学校班级、指导教师（1名）、联系人、联系方式（手机号码）等信息。

（3）提交方式。方式一：发送电子邮件到活动信箱，请将美术作品扫描成电子文件，jpg.jpeg.bmp.tif.png格式均可，文件大小不超过30M，以附件形式上传至活动邮箱tgart2022@188.com（注意妥善保存纸质作品原件，评奖结束后会征集部分原作参与实物展览及其他相关活动）。方式二：通过EMS邮寄纸质作品原件，邮寄地址：北京142信箱32分箱《军事文摘·科学少年》编辑部，邮编100854，收件人：陈老师。

（二）武汉市第四十九中学入选作品介绍

图7-21 航天员邓清明展示武汉市第四十九中学黄庆芳的作品《中国航天卷》

作品名称：《中国航天卷》

作者信息：黄庆芳（15岁）

学校：湖北武汉第四十九中学

作品介绍：文化自信是最基本最深沉最持久的力量。这份力量在孩子心中流淌着，在孩子笔下绽放着。黄庆芳同学介绍，这幅画以竹简、中国龙与空间站为主要元素，以此反映汉字和竹简承载的中华传统文化。缓缓展开这幅《中国航天卷》，这里有中国古老的汉字，也有先进的神舟飞船，千年飞天梦终于实现。伴随着深厚的文化底蕴，祖国的航天科技正往新的高度迈进。

反映主题：以汉字和竹简承载的中华传统文化。

（三）入选第二届"天宫画展"作品创作过程

1. 活动启动

2022年8月，线上征集活动先行启动，神舟十四号乘组航天员陈冬、刘洋、蔡旭哲在中国空间站发布"征集令"，面向全社会特别是广大青少年广泛征集"天宫画展"作品。

2. 活动开展

学校收到活动通知后，立即布置相关工作安排。美术组负责作品的征集、辅导，教导处负责作品在校园公开发布、投票评选等工作，最后将优秀作品选送参赛。

3. 活动实施

学校组织美术社团的同学们参与第二届"天宫画展"征集活动，通过在学校电子班牌和网络平台展示,选拔出了9幅优秀作品参展。黄庆芳同学的作品以高票入选。

(四)入选第二届"天宫画展"作品取得的效果

活动启动后,得到全国各地学校、家长和青少年的热烈响应,共收到5~18岁青少年的3000多幅绘画作品。综合专家评审与网络投票结果,其中40幅优秀作品脱颖而出。2022年11月29日,在"中国梦"提出十周年之际,这些承载青少年梦想的画作,随神舟十五号载人飞船搭载进入中国空间站,在除夕当天正式展出。

2023年1月21日,第二届"天宫画展"在中国空间站正式开展。在除夕万家团圆之际,太空出差的神舟十五号航天员乘组从中国空间站给全国青少年送来一份特别的"新年礼物"。

本届画展以"画美丽中国、话美好生活"为主题,分为"强国印记""华夏神韵""圆梦征程""幸福味道"4个板块。参展作品中,孩子们用画笔描绘出自己心中的中国梦、航天梦,生动反映出各族人民奋进新征程的磅礴力量和对美好生活的真挚向往。此次,共有来自全国17个省(区、市)和香港、澳门特别行政区的40幅青少年绘画作品亮相"天宫"。黄庆芳同学创作的作品《中国航天卷》就是入选其中的一幅。

本次画展得到了央视新闻、中国新闻网、新华网、法制网、人民网、《光明日报》、中国军网、中华人民共和国国防部、《解放军报》、《环球时报》、学习强国等近20家国家主流媒体报道,同时,黄庆芳同学作品也得到了《湖北日报》、《长江日报》头版、武汉市人民政府官网、青山融媒体等本地媒体的报道。

二、全国科学实验展演汇演活动

(一)全国科学实验展演汇演活动简介

全国科学实验展演汇演活动作为全国科技周重大示范活动之一,由科技部办公厅、中科院办公厅主办,中国科技大学承办,中国科学技术大学教育基金会提供支持,至今已连续举办了五届。

赛事的主要目的是为深入贯彻落实习近平总书记关于科学普及工作的重要指示精神,落实中共中央办公厅、国务院办公厅《关于新时代进一步加强科学技术普及工作的意见》,深入实施创新驱动发展战略,在全社会普及科学知识、传播科学思想、弘扬科学精神、展示科学魅力的宗旨,推动全民科学文化素质及素养的大跃升。

赛事对选手的职业没有限制,只要感兴趣并有好的创意就能报名参加,年龄不满18周岁的中学生,可以和身边的大学生、和老师一起组队参赛。这样的参赛条件为全国科技工作者、科普工作者及科学爱好者搭建学习、交流、展示的平台。

大赛奖项设置情况如下:初赛由各省市设立一、二、三等奖,决赛设立全国一、二、三等奖及专项奖;对积极组织参赛的单位颁发"优秀组织者"荣誉证书。

（二）"大赛"与高中物理、生物学习

1.航天与物理、生物课程目标

生物学是自然科学中的一门基础学科,是研究生命现象和生命活动规律的科学。高中生物学课程是科学领域的重要学科课程之一。要求学生主动地参与学习,在亲历提出问题、获取信息、寻找证据、检验假设、发现规律等过程中习得知识,养成科学思维的习惯,形成积极的科学态度,发展终身学习及创新实践能力。是树立社会主义核心价值观、落实立德树人根本任务的重要载体。新版人教版高中生物教材必修二第五章第一节内容《基因突变和染色体变异》介绍了航天育种依据的主要原理。航天育种是利用太空技术,以作物的种子、组织、器官或生命个体为诱变材料,利用强辐射、微重力、高真空、弱磁场等宇宙空间的特殊环境使生物的遗传物质发生变化,再返回地面进行选育,培育出新品种、新材料的育种技术。它是航天技术与生物育种技术相结合的产物,综合了航天、遗传、育种等多种学科的高新技术。航天器载人飞行首先要确保航天员的生命安全,这需要进行大量的有关人体生理稳态变化方面的实验。这些与航天事业发展息息相关的内容在中学生物学中都有涉及。

根据2017年发布、2020年修订的《普通高中物理课程标准》,高中物理应全面贯彻党的教育方针、落实立德树人根本任务、发展素质教育的独特育人价值,明确学生学习该学科课程后应达成的正确价值观、必备品格和关键能力。通过物理教学,培养学生的社会责任感、创新精神和实践能力。在人教版高中物理教材必修二的第七章前四节着重介绍了万有引力与宇宙航行。其中第一节《行星的运动》讲述了天文学家开普勒精心整理第谷的观测数据,经过多年的计算,总结出行星绕太阳运动的三大规律。开普勒观念的基础是日心说,日心说使人们的世界观发生了重大变革。宇宙中心的转变暗示了宇宙可能没有中心。第二、三节则着重介绍物理学家牛顿综合了天体和地面上物体的运动规律,形成了深刻反映事物本质的科学体系。牛顿的万有引力定律不仅破解了天上行星的运行规律,也为人类开辟了上天的理论之路。第四节《宇宙航行》介绍了卫星变轨的原理以及人类在航空航天领域留下的划时代的印记。这些章节从飞天理论到载人航天实践,描绘了人类跨入太空,登上月球的进步。但是,相对于宇宙之宏大,地球和月球不过是茫茫宇宙中的两粒尘埃;相对于宇宙之久长,人类历史不过是宇宙年轮上一道小小的刻痕……未来的探索之路还很长。普通高中物理课程标准在航空航天领域对学生有以下要求:①通过发现海王星等事实,说明科学定律的作用。②会计算人造地球卫星的环绕速度。知道第二宇宙速度和第三宇宙速度。③以万有引力定律为例,了解统一性观念在科学认识中的重要意义。④了解牛顿力学对航天技术发展的重大贡献。万有引力与宇宙航行这一章节在高考中通常以选择题形式出现。

2022年全国乙卷、2021年全国乙卷均有一道选择题考查本章知识点,因此航空航天内容是高考物理的热门考点。同时,这类问题与我国的航天实际、航空现状相联系,考查学生对情景化试题的分析能力,能从复杂的实际中抽象出简单的、理想化的物理模型,并运用所学知识解决问题的能力。

2. 航天与科学探究能力

"科学探究"是指能够发现现实世界中的问题,针对特定的现象,进行观察、提问、实验设计、方案实施以及对结果的交流与讨论的能力。学生在探究过程中,逐步增强对自然现象的好奇心和求知欲。

科学探究能力即需要学生明确实验目的、独立设计实验、寻找实验器材、细化实验流程及操作中的注意事项、实验结束后原始数据的保存和处理等能力。学生在常规学习中,在实验室、生活中做的每一个小实验,都为以后更加庞大的实验打下了基础。

随着科学技术的发展,各国科学家都尝试着将人类活动范围扩展到太空,但从无人航天器的发射到真正载人飞行,这期间需要进行大量的有关人体生理变化方面的实验并积累经验,才能确保航天员的生命安全。

在太空的失重环境中,可以做许多地面做不了的物理、化学和生物实验,让学生对科学实验产生极大兴趣,对太空有更深刻的认识。国际空间站曾有一门为中学生开设的生物课,完成各种生物实验。

2022年4月16日9时56分,神舟十三号载人飞船返回舱在东风着陆场成功着陆。在轨驻留期间,翟志刚、王亚平、叶光富三位航天员化身"太空教师",为地面中小学生带来神奇、精彩的太空授课。航天员在轨演示太空"冰雪"实验、液桥演示实验、水油分离实验、太空抛物实验等,介绍与展示空间科学设施,旨在传播普及空间科学知识,激发广大青少年不断追寻"科学梦"、实现"航天梦"的热情。

太空"冰雪"实验演示了失重状态下的饱和液体结晶现象,液桥演示实验演示了失重环境下水的表面张力作用,水油分离实验演示失重环境下水油分层现象消失、通过旋转产生离心力实现分层,太空抛物实验演示天地之间抛物区别。微重力环境下出现的神奇自然现象促使学生思考背后蕴含的科学知识、科学规律。

我国航空航天领域能取得如此巨大的成绩,也是科学家不断实验、不断调整、不断尝试并最终获得成功的结果。因此,航天领域与实践实验密不可分。

实验可以使中学物理、生物等学科教学理论联系实际,引起学生学习兴趣,引导学生发掘问题,激发其求知欲望,从而调动他们学习的主动性和积极性,引导他们热爱科学。通过实验培养学生的观察能力、思维能力、自学能力以及发现问题、分析问题和解决问题的能力;培养学生良好的实验探究能力,并且在此基础上进一步培养他们的独立工作能力和创新能力,为将来的航天事业打下结实的基础。

（三）参加"大赛"的心得体会

鸡蛋的科学之旅

2022年武汉市科学技术局举办了实验视频比赛，要求参赛视频时长5分钟以内且一镜到底。我和薛国凤老师每个人准备的实验最多一分钟就拍摄完成了，于是我们决定采用合作的方式用同一套器材完成多个实验，每个实验之间既有区别又有联系。

薛老师提议既然是科普视频，那就用生活中随处可见的器材完成实验。为了将物理和生物知识完美融合，我们选择了鸡蛋作为生物材料，利用物理中的惯性、物体重心分布、压强差等设计了四个小实验，每个实验现象都很明显。

最终呈现的视频，实验之间过渡自然、紧凑，实验动作娴熟、流畅，语言简洁、明了。但在此期间，我们重复了许多次实验才达到上述效果。首先将四个小实验安排成合理的顺序，再精心组织语言将四个小实验统一起来，将每个实验的科学原理用清晰的语言阐述清楚。正式开始实验时，第一个实验——区分生、熟鸡蛋，为了达到用物理知识区分的目的，我们尽可能选择大小、形状接近的鸡蛋。第二个实验——用一点点食盐让鸡蛋站立，为了拍摄效果，我们练习了很多次。第三个实验——通过向瓶顶浇开水的方式让鸡蛋出瓶子。

图7-22 实验视频截图

在夏天做这个实验，浇注开水，鸡蛋很快从瓶子里掉出。种种原因，我们需要在冬天再拍摄一个视频，结果一壶开水用光了，鸡蛋也没有出瓶子。经过分析，我们认为这是由于冬天大气压高，即使往瓶子里淋开水也达不到更大的压强差把鸡蛋压出。最终，我们通过在瓶子里加入小苏打和白醋，使它们产生大量气泡，瓶内压强快速增大，鸡蛋很快被压出瓶子。第四个实验——让鸡蛋完好无损地进入瓶子，只需要将一张小纸条在瓶子里燃烧。该实验最终获得武汉市一等奖。

经过这次参赛，我们认识到，实验并不总是成功的，必须考虑外界环境因素。每一次的实验都对应着不同的温度、气压，我们只有充分掌握实验背后蕴含的原理才能让实验现象准确、明显。就像航空航天一样，要保证万无一失，必须充分考虑空间站能源约束、空间环境、气象条件、天地作息等多种因素。中国航天从零起步，踏上通向星辰大海的逐梦之旅。

如今,中国印记早已"踏"上月球,"中国星"在九天之上熠熠生辉。让学生认真、严谨地做好每一次小实验,才能成就他们未来的大实验。

作者:沈晓曼

三、全国青年科普创新实验暨作品大赛

(一)大赛简介

全国青年科普创新实验暨作品大赛(简称"科普创新大赛")作为一项面向青年学生的全国性科普赛事,旨在进一步贯彻落实《中华人民共和国科学技术普及法》《全民科学素质行动规划纲要(2021—2035年)》《关于进一步减轻义务教育阶段学生作业负担和校外培训负担的意见》和《关于新时代进一步加强科学技术普及工作的意见》,动员和激励广大青年学生参与科普创作和实践,促进科学思想、科学精神、科学方法和科学知识的传播和普及,提高广大青年学生的创新创造能力。第八届大赛以来,赛事规模呈阶梯式增长,全国累计参赛人数超过32万人,在全国大中专院校及中学产生了广泛而深远的影响。

为更好地落实《中华人民共和国国民经济和社会发展第十四个五年规划纲要》关于科技创新要"面向世界科技前沿、面向经济主战场、面向国家重大需求、面向人民生命健康",以及《全民科学素质行动规划纲要(2021—2035年)》中"激发青少年好奇心和想象力,增强科学兴趣、创新意识和创新能力"的相关要求,第九届大赛重点围绕"智慧·安全·环保"三大主题,关注前沿科学技术、公共安全健康等领域的科研应用与普及,考查青少年发现问题、解决问题及动手实践能力。

(二)参赛指南

1.参赛条件

全国青年科普创新实验暨作品大赛的参赛对象为全国中小学生,包括小学、初中、高中和中职学校的学生。参赛者需年龄在18周岁以下,具有一定的科学素养和实践能力,对科学技术和科普教育有一定的兴趣和了解。

2.作品要求

主题要求:作品主题应与科学、技术和科普教育相关,具有一定的创新性和实用性。

形式要求:作品形式不限,可以是科技创新实验、科学普及展示、科技创新设计、科学写作、科学绘画等形式。

创新要求:作品需具有一定的创新性,能够解决实际问题或者开拓新的科学领域。

实践要求:作品需具有一定的实践性,能够体现参赛者的实践能力和科学素养。

完整要求:作品需完整、准确、清晰,能够表达思想和创意。

3. 评审标准

创新性：作品的创新性是评审的重要指标，包括作品的创意、创造性和创新意义。

实用性：作品的实用性是评审的重要指标，包括作品的实用价值、应用前景和社会效益。

实践性：作品的实践性是评审的重要指标，包括作品的实验设计、实验操作和实验结果。

完整性：作品的完整性是评审的重要指标，包括作品的表达、文献资料和实验数据。

美观性：作品的美观性也是评审的重要指标，包括作品的版面设计、图表制作和文字排版。

4. 提交方式

作品提交时间：参赛者需要在规定的时间内提交作品，具体时间以比赛通知为准。

作品提交方式：参赛者可以通过线上或线下的方式提交作品，具体方式以比赛通知为准。

作品提交内容：参赛者需要提交完整的作品，包括作品的文字材料、图片、视频等资料。同时，还需要提交作品的申报书、指导教师推荐信等相关材料。

四、全国青少年科技创新大赛

（一）大赛简介

全国青少年科技创新大赛是由共青团中央、中国科学技术协会、全国中小学科技教育协作组织联合主办的一项面向全国中小学生的科技竞赛活动。下面是该比赛的详细介绍，包括比赛内容、参赛要求、评审标准、奖项设置等内容。

1. 比赛内容

全国青少年科技创新大赛的比赛内容包括科技创新理论、科技创新实践和科技创新设计三个方面。其中，科技创新理论包括科技创新思维、科技创新方法、科技创新知识等方面；科技创新实践包括科学实验、科技制作、科技应用等方面；科技创新设计包括科技创意、科技设计、科技开发等方面。

2. 参赛要求

参赛对象：全国中小学生均可参加，包括小学、初中、高中和中职学校的学生。

参赛作品：参赛作品应具有一定的科技含量和实用性，能够解决实际问题或者开拓新的科学领域。参赛作品可以是科技创新理论、科技创新实践和科技创新设计等方面的作品。

参赛要求：参赛者需具有一定的科学素养和实践能力，能够独立完成作品的设计、制作和实验等工作。参赛者应遵守比赛规则,尊重知识产权,不得抄袭、剽窃他人作品。

3. 评审标准

创新性:参赛作品的创新性是评审的重要指标,包括作品的创意、创造性和创新意义。

实用性:参赛作品的实用性是评审的重要指标,包括作品的实用价值、应用前景和社会效益。

实践性:参赛作品的实践性是评审的重要指标,包括作品的实验设计、实验操作和实验结果。

完整性:参赛作品的完整性是评审的重要指标,包括作品的表达、文献资料和实验数据。

美观性:参赛作品的美观性也是评审的重要指标,包括作品的版面设计、图表制作和文字排版。

4. 奖项设置

全国青少年科技创新大赛的奖项设置包括金奖、银奖、铜奖、优秀奖和鼓励奖等五个级别。其中,金奖的数量不超过总参赛作品数的5%,银奖的数量不超过总参赛作品数的10%,铜奖的数量不超过总参赛作品数的15%。优秀奖和鼓励奖的数量不设上限,根据作品质量和评审结果进行评定。

(二)全国青少年科技创新大赛参赛指南

全国青少年科技创新大赛是一项非常有意义的科技竞赛活动,旨在推动青少年科技创新和科技教育的发展。如果想参加这项比赛,以下是详细的参赛指南。

1. 了解比赛内容和要求

在准备参赛之前,首先需要了解比赛的内容和要求。全国青少年科技创新大赛的比赛内容包括科技创新理论、科技创新实践和科技创新设计三个方面,参赛作品应具有一定的科技含量和实用性,能够解决实际问题或者开拓新的科学领域。参赛者需要具备一定的科学素养和实践能力,能够独立完成作品的设计、制作和实验等工作。参赛者应遵守比赛规则,尊重知识产权,不得抄袭、剽窃他人作品。

2. 选择比赛项目和主题

在了解比赛内容和要求之后,需要选择适合自己的比赛项目和主题。可以从自己感兴趣的科学领域入手,结合实际问题,创新性地提出解决方案,并进行实践和验证。可以选择科技创新理论、科技创新实践和科技创新设计等方面的作品。

3. 开展研究和实验

在确定比赛项目和主题之后,需要开展研究和实验。需要深入了解相关知识,查阅文献资料,掌握实验方法和技能。在实验过程中,需要认真记录实验数据和结果,及时分析和总结,不断改进和完善实验设计和方法。

4. 撰写论文和制作展板

在完成实验和研究之后,需要撰写论文和制作展板。论文应包括题目、摘要、引言、研究内容、实验方法、实验结果、结论和参考文献等内容,论文应清晰、简洁、准确。展板应包括项目名称、研究内容、实验方法、实验结果、结论和图表等内容,展板应美观、简洁、有吸引力。

5. 提交参赛作品

在完成论文和展板制作之后,需要提交参赛作品。可以通过官方网站或者邮寄方式提交参赛作品。提交作品时需要注意作品完整性和真实性,保证作品内容没有抄袭、剽窃等行为。提交作品时还需要填写相关信息和申请书。

6. 参加现场展示和答辩

在提交参赛作品之后,需要参加现场展示和答辩。现场展示和答辩是比赛的重要环节,需要认真准备和展示参赛作品。在答辩过程中,需要清晰地表达研究内容和成果,回答评委的提问,展现自己的科学素养和实践能力。

五、全国中学生科普科幻作文大赛

(一) 大赛简介

"全国中学生科普科幻作文大赛"是由中国科普作家协会主办,《教育部办公厅关于公布2022—2025学年面向中小学生的全国性竞赛活动的通知》(教监管厅函〔2022〕13号)中确定的,面向中小学生的全国性竞赛活动之一。大赛的官方网站是www.kepukehuan.com,官方微信公众号是"科普科幻作文大赛"。

该比赛旨在激发广大中学生对科学和文学创作的兴趣,引导中学生追求和探索科学的奥秘,培养科技创新精神和创新能力,搭建展现新时代中学生科学素养、想象力、创造力与写作能力的平台,促进文学与科学的融合,为我国科普科幻创作事业发展培育青年人才。

大赛奖项设置情况如下:对学生,初赛设立省级一、二、三等奖,决赛设立全国一、二、三等奖;对积极组织参赛的教师颁发"最佳组织者"荣誉证书,对获奖学生的辅导教师颁发"优秀辅导老师"荣誉证书,对被遴选参与评审的学校教师颁发"评审委员"证书;对取得优秀成绩的学校颁发"优秀生源基地"奖牌。

该比赛的专家评审委员会由学科(行业)内的权威知名专家学者和科普领域内高水平的科普作家、科幻作家、理论家、评论家、编辑家、翻译家和组织工作者担任。一篇好的科普作文应具备科学性、思想性、艺术性;一篇好的科幻作文应具备想象力、科学性、思想性、文学性。专家评审委员会将从题意、创意、想象力、科学性、结构、语言等方面,全面衡量,综合评判一篇作文。

（二）"大赛"与高中语文学习

1. 航天与语文课程目标

根据2017年发布、2020年修订的《普通高中语文课程标准》，高中语文在学科育人方面应体现核心素养与课程目标。其中提到，关心、参与当代文化，能够在语文学习过程中坚持文化自信，提高社会责任感，增强为中华民族伟大复兴而奋斗的使命感。在语文学习的过程中，可通过对航天相关篇目的学习、理解与运用，实现课程目标与学习能力的统一。

在新版统编语文教材中，涉及航天的有3篇，其中大部分集中在选择性必修下册第四单元中。其中，加来道雄的《一名物理学家的教育历程》着重从自我成长和探知的角度去阐述物理学习规律，卡尔·萨根的《宇宙的边疆》和关增建的《天文学上的旷世之争》是与天文有关的科普类文章。虽然这些篇目并不像之前介绍载人航天技术的《飞向太空的航程》等课文那样直观，但从科学精神的角度来看，从科学史、科学概念、科学论述逻辑等方面明确航天的意义，不仅满足了思维发展与提升的需求，更是能够激发学生好奇心，有利于建立培养不断探索的学习动机的有效方式。如果在课堂上再进行相似篇目的联系，结合我国载人航天的发展和月球、火星探测的新领域、新成就进行拓展，实现课程目标可谓事半功倍。而想象力和创造力可以由科普科幻类文本进一步激发，从而确立劳动探索和终身学习的良好目标。

从高考发展要求和趋势来看，宇宙、航天等科普科幻题材的作品也时有涉及。2018年高考语文全国Ⅲ卷小说阅读理解选文为刘慈欣的科幻小说《微纪元》，向科普科幻类阅读尤其是航天方面的想象力迈出了一大步。即使是2019年高考语文全国Ⅰ卷的《故事新编》，也涉及关于"飞艇"等荒诞又充满寓意的意象。社科类非连续性文本阅读题和语言运用题中更是大量涉猎航天相关知识，并对学生的概括能力和逻辑分析能力提出了要求。

虽然这些篇目足够新鲜，能在一定程度上有助于集中学生的阅读注意力，但如果平时不太关心科学发展的时事，对航天名词的相对生疏又成为他们阅读的障碍。毕竟，学生在阅读科幻小说时，并不是要学习最新的科技知识——那些知识终究会有一天成为历史。而科学精神的熏陶，科学想象力的延展，才是他们探索前行的动力。如果能尽早熟悉航空概念，再来迅速勾连考点，必将更好地促进高中语文学习。

2. 航天与阅读能力

在语文学科中实现航天教学的成果，需要从语文素养和语文文化出发，延伸至人文与社科领域。关乎现实与幻想，过去与未来，时间与空间，语文之大者，生而有涯，知也无涯。而借此所到达的边界，将会无限延展。

2020年11月，教育部基础教育课程教材发展中心组织研制并发布了《教育部基础教育课程教材发展中心中小学生阅读指导目录(2020年版)》。该目录紧扣新课标要求,整理推荐了不同学段不同类别的读物。其中不乏大量优秀的科普科幻作品,如阿西莫夫的《基地》入选初中学段篇目,刘慈欣的《三体》入选高中阶段推荐书目。另一方面,高中语文新课标给学生设置了150万字的阅读目标,如果仅凭兴趣,忽略思考,肯定无法达到预期目的。

科幻小说所带来的思考,常常远非一两次发问所能穷尽。思维拓展的角度,决定了语文课堂的广度。除了满足普通教学的需要,科普科幻类文学作品的阅读大部分集中在课外,多以自主形式开展。这在最大程度上辅助引导了思维拓展的方向。在进行阅读的过程中,学生可以采取小组探讨的方式,辅以整本书阅读中学到的专题研讨,问题的"切口"尽量要设得小一些。

比如学生阅读《三体》时,常常会囿于某些论题,如你是否会向外星人寻求帮助? 乍一看,这种问题似乎有无数种回答,但在此之前,学生已经根据文本对几种有代表性的结果进行了对比,主动了解人的独立发展与均衡发展的重要性。再联系现有的航天技术,寻找历史上人类曾经向外太空发出过的那些"声音",也就会从思维拓展中延伸出强烈的人文关怀。它强调的是让学生自己去探索。科学与人文相互交融、共生共享,而并非割裂的"考点大串联",让思考的过程也变得更有探究性。

3. 航天与写作指导

与传统作文竞赛不同,科普科幻作文强调的是激发广大中学生对科学和文学创作的兴趣、引导中学生追求和探索科学的奥秘、培养科技创新精神和创新能力,从而在写作中搭建展现新时代高中生的科学素养、想象力、创造力与写作能力的平台,实现文学与科学的融合,繁荣科普科幻创作事业。这一目标与航天教育的要求不谋而合。

科普科幻作文强调的是以想象力为核心。在写作时,要求学生突破传统,兼具文学性。以往作文比赛多为历史方向学生参加,而这类比赛则为理科同学提供了展现创造力、想象力与写作能力的机会。科普科幻作文大赛官方数据显示,"双科"作文的写作,对提升中学生的想象力具有正向作用,带给学生全新的学习视角。这就要求学生在写作过程中,要自觉联系所学习的理科知识,并进一步拓展条件题材,综合运用多种技巧。

需要注意的是,科普类文章与科幻类文章的特点和写作方式是不同的。随着《流浪地球》《独行月球》等影视作品和《三体》等文学作品的火爆,科普科幻完全可以从航天相关课程教学出发。一方面,学生可以从日常了解的新闻内容中寻找想象关键点;另一方面,也可以从科普入手,发挥物理类学科优势,用科学解释现象,探索某一原理,并生动形象地加以阐释。太空总是能带给学生无限遐思。通过想象推导成因,通过探索编织科学与科幻的世界,能最大限度地从传统作文教学中激发当代科技进步的火花。

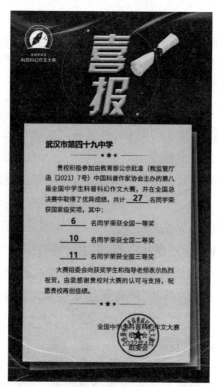

图7-23 "全国中学生科普科幻作文大赛"喜报

在2022年结束的第八届科普科幻作文大赛中,武汉市第四十九中学共有27名同学荣获国家级奖项,其中不乏涉及航天相关领域的佳作。

武汉市第四十九中学在该项竞赛中连续三年取得优异的成绩,被中国科普作家协会授予"全国中学生科普科幻作文大赛优秀生源基地"称号。

（三）"大赛"作品示例

太空奇妙行

武汉市第四十九中学　周雅轩

一年一度的暑假就这么到来了,我们全家准备紧跟时代的步伐,来一次太空旅行。

"我要到太空中转站去买个神奇手镯。"妈妈兴奋地和爸爸说。"好嘞,我同意,出发了!"背上内含不同贮藏格的太空包,我们兴冲冲地走出家门。来到时光飞轮车上,我们一家三口被带入一间包舱中,三张远程旅行休眠床一字排开,我们于是在工作人员协助下进入了休眠,到达中转站,我们才会起床。长达一个多月的旅程,终于正式开始了!"嘟嘟嘟,太空中转站已到,请各位旅客有序地下车。"我们被休眠舱唤醒,激动到眼珠快掉在地上,脚都不能挪动半分。

中转站真的好大呀,不输三个"鸟巢",各种功能各异的区域散落在不同方向,有太空探测研究所,有星际生物观测室,还有供人们休闲娱乐的商业街。不同肤色、操着各式语言的旅客都聚集在此,然后分别由工作人员带领,到达飞往月球、火星、木星甚至比邻星的站点。依照各个站点去的星球不同,登上的时光机也不同,有圆的、方的、流线型的、水滴形的……我好奇地看着这些在空中飘来飞去的各种时光机,仿佛转身于儿时周围萦绕的萤火虫中,闪耀,温暖,引人入胜。这么多年,人类终于实现了对太空的探索研究乃至建设,人们可以像坐高铁、飞机一样,在太空中翱翔。太棒了,妈妈终于买到了神奇手镯。这个手镯可以像筋斗云一样,在地球上只要说出想去的地方,按下手镯的红色键就可以瞬间移到十万八千里外的地方了,我回去后一定要好好试试。据说这个手镯是启明星上的外星人发明的……

"集合了,我们要出发了。"哇,又要出发了。这次我们的目的地是已经高度文明化了的火星,早就想和那里的外星人照合影留念了,这样回来我就可以告诉同学们,我和外星人握手拥抱了。我边想着边登上了飞船,嗖嗖,一首歌的时间,我们安全到达了火星。一下飞船,一群火星人热情地拉住了我们,给我们穿上了他们特制的防护服,和我们围着圈跳起欢迎舞来。虽然他们没有头发,可是一个个胖嘟嘟圆滚滚的,憨态可掬。

一路小跑,我们被火星人带到了一个集市,好热闹啊,原来,火星人也有不同种类,但是,科技带给他们诸多的益处,远远超过了缓慢的自然进化。他们大多穿着金属光泽的服装,狂欢着。竟然有西瓜吃,我忍不住多看了几眼。一个外星人立马察觉了,拿了一块给我,我咬了一口,果然不一样,西瓜的味道竟然和棉花糖一样,又软又黏,但一样甜入舌底,却又不太油腻。原来火星上水很少,长出的植物都是带着黏性,柔软却散发着幽香,这就是火星特色!而且火星上广泛分布着各种矿石,绚丽夺目、美不胜收,一点也不比地球上的宝石逊色,在晶莹中透出荧荧光晕。

我拿出了我的小手袋,往里面装了几本外星人的漫画书,准备拿回地球给同学们看,两个小时很快过去了,我们马上就要返航了。听说再过几年建设改造,随着氧气浓度和空气压力的增加,我们以后可以在火星上逗留更长时间了。

我们依依不舍地登上星际飞船,这时一个小火星人往我手里塞了一个鼓鼓囊囊的袋子,我打开一看,哇,都是我喜欢的,有吸铁尺、变色笔、隐形剪刀,还有会唱歌的笔袋,我开心极了,将自己心爱的手表从手上摘下来,送给了那个小外星人,他也非常兴奋,亲了亲我,我们在拥抱中向对方道别,随后我们又去了雾气霭霭的泰坦星和名为祖冲之的小行星,人类的远足和辛勤劳作,使整个太阳系都被蓬勃开发了。更进一步,连几光年之外的人马座也已经涉足,地球文明逐渐向宇宙深处传播,各个星球的外贸关系也逐步建立起来了。

这次旅行收获实在太多了,不一样的世界,不一样的太空,让我流连忘返。真的感谢那些身先士卒、前赴后继的科研工作者,他们的执着与开拓精神,让我们更坚定、越发意气风发地立于各个文明之间。让我们坚信以后的世界会越来越好,以后的太空会建设得越来越完善,宇宙村正向我们大步走来。

后　记

　　探索浩瀚宇宙,发展航天事业,建设航天强国,是我们不懈追求的航天梦,这是习近平总书记在首个"中国航天日"之际作出的重要指示。《高中课程与航天科技》正是一本为高中学生设计,深挖高中课程丰富内涵,将高中课程与航天科技深度融合的项目式学习读本。

　　在编写过程中,我们进行了多次研究和讨论,力求内容的准确、全面和易懂。我们深入研究了航天科技的发展历程、原理、应用及其与高中课程的关联,进而激发和启迪年轻一代了解和热爱航天,助力中国航天事业的传播和发展,引导广大青少年加入这一行业并为之而奋斗!

　　本书酝酿和编写期间,得到我国运载火箭与航天工程专家龙乐豪院士,全国航天科普首席科学传播专家田如森教授等专家的热情帮助和精心指导;得到武汉市教育科学研究院、青山区教育局等单位主要领导和分管领导的高度重视和大力支持。在此,对给予本书编写关心和支持的领导、专家,对参与编写的全体人员,致以崇高的敬意和衷心的感谢!

　　"仰观宇宙之大,俯察品类之盛。"中华民族千百年来的飞天梦想正在航天人的接续奋斗中一点点实现,其积淀而成的航天精神,犹如璀璨星辰,必将激励无数来者叩问苍穹、探索不停。壮丽征程铸就中华之魂,航天梦想燃动热血青春,时刻铭记,我们的征途,是星辰大海!